国家自然科学基金项目(52274077、51804099)资助
河南省重点研发与推广专项(科技攻关 222102320143)资助
煤炭安全生产与清洁高效利用省部共建协同创新中心资助
河南省矿产资源绿色高效开采与综合利用重点实验室资助

深部构造应力作用厚煤层巷道围岩变形失稳机制与控制研究

肖同强　著

中国矿业大学出版社

·徐州·

内 容 提 要

本书针对深部构造应力作用厚煤层巷道"围岩变形及支护结构破坏失效"控制难题,以沿煤层顶板掘进巷道、厚顶煤巷道为主要对象,建立了基于煤岩层理面的厚煤层巷道物理模型、数值模型和锚杆破断力学分析模型,开展了深部构造应力作用厚煤层巷道弱面围岩变形失稳机制及其控制研究,主要研究内容包括:巨野矿区深部构造应力场分布规律、层理面对厚煤层巷道稳定性的影响机制、厚煤层巷道稳定性相似模拟试验研究、厚煤层巷道围岩及锚固结构破坏失稳分析、厚煤层巷道围岩稳定控制机理及技术等。

本书可供采矿工程、岩土工程及地下工程等相关专业领域的工程技术人员、科研工作者及高等院校师生参考。

图书在版编目(C I P)数据

深部构造应力作用厚煤层巷道围岩变形失稳机制与控
制研究 / 肖同强著. —徐州 :中国矿业大学出版社,
2024.2

ISBN 978 - 7 - 5646 - 6181 - 6

Ⅰ. ①深… Ⅱ. ①肖… Ⅲ. ①构造应力－作用－厚煤
层－巷道围岩－围岩变形－研究 Ⅳ. ①TD322

中国国家版本馆 CIP 数据核字(2024)第 047054 号

书 名	深部构造应力作用厚煤层巷道围岩变形失稳机制与控制研究	
著 者	肖同强	
责任编辑	褚建萍	
出版发行	中国矿业大学出版社有限责任公司	
	(江苏省徐州市解放南路 邮编 221008)	
营销热线	(0516)83885370 83884103	
出版服务	(0516)83995789 83884920	
网 址	http://www.cumtp.com E-mail:cumtpvip@cumtp.com	
印 刷	苏州市古得堡数码印刷有限公司	
开 本	787 mm×1092 mm 1/16 **印张** 8.75 **字数** 225 千字	
版次印次	2024 年 2 月第 1 版 2024 年 2 月第 1 次印刷	
定 价	52.50 元	

(图书出现印装质量问题,本社负责调换)

前　言

　　煤炭占我国化石能源资源的 90％ 以上,是我国的基础能源和重要原料。近年来,在我国一次能源结构中,煤炭消费占比仍在 56％ 左右。在今后较长一个时期,煤炭作为我国兜底保障能源的地位不会改变。当前,我国中东部地区的大部分煤矿已进入深部开采,煤矿开采深度达到 1 000~1 500 m,西部地区煤炭资源的开采深度也越来越大。随着煤矿开采深度的增大,煤层巷道围岩控制难度持续增加,主要原因在于应力环境恶化及软弱煤层的变形失稳。我国煤矿开采地层的最大水平应力普遍大于垂直应力,在部分构造发育区域,实测水平应力甚至达到垂直应力的 2~4 倍。在深部构造应力的作用下,厚煤层巷道软弱煤体呈现出“大变形、强流变”的软岩特性,甚至引发冒顶事故,给深部煤炭资源安全开采带来巨大威胁。

　　巨野煤田位于山东省西南部,已探明地质储量 55.7 亿 t,属于华东地区的大型煤田。巨野矿区主采煤层是 3 号煤,埋深为 800~1 300 m,煤层厚度在 8 m 以上,煤系地层构造应力显著。该矿区煤层巷道一般为沿煤层顶板掘进巷道或厚顶煤巷道。在深部构造应力的作用下,厚煤层巷道出现了“煤帮沿层理面向巷内大幅度滑移错动、煤帮破碎鼓出、顶煤严重下沉、锚杆破断失效”等剧烈矿压显现,存在垮冒失稳的风险。可以看出,软弱煤体围岩及其与顶底板之间的层理面是影响厚煤层巷道稳定性的重要因素。因此,本书针对巨野矿区厚煤层巷道围岩控制难题,以沿煤层顶板掘进巷道、厚顶煤巷道为主要研究对象,在分析巨野矿区深部构造应力场分布特征的基础上,从软弱煤层及煤岩层之间层理面对巷道围岩变形破坏的影响出发,运用理论分析、数值计算、相似模型试验、现场试验等综合方法,开展了深部构造应力作用下厚煤层巷道围岩稳定控制研究,为该类巷道围岩控制提供理论依据及技术支撑。

　　本书基于地应力实测数据,分析了巨野矿区深部地应力场分布特征,并对局部断层附近的地应力场进行了反演分析,结果表明:地应力场以水平应力为主,最大水平应力一般为 30~40 MPa,侧压系数达到 1.5~3.2,构造应力显著;最大水平应力方位角在 N60°E 左右,与区域构造应力方向(东西向)的夹角平均为 30°;断层附近地应力出现集中,尤其在断层端部,最大水平应力达到 40 MPa 以上,应力方向变化也较大。在此基础上,采用数值模拟和现场监测分析方法,研究了构造应力场中巷道布置方位与其稳定性的关系,结果表明:巷道走向与最大水平主应力夹角超过 30° 以后,巷道稳定性迅速变差,顶底板变形破坏严重。

　　采用 FLAC³D 数值模拟方法,建立了具有层理面结构的 4 类厚煤层巷道数值计算模型,分析了深部构造应力作用下厚煤层巷道围岩塑性区、围岩位移及围岩应力的分布特征,分析了层理面对围岩滑移变形及塑性区的影响特征,揭示了深部构造应力作用下厚煤层巷道围岩变形破坏的层理面效应:在构造应力作用下,两帮沿顶板或底板层理面滑移,且构造应力越大,滑移量越大,滑移量成为两帮变形量的重要组成部分;层理面附近垂直应力和水平应力的差值增大,促使层理面附近的软弱围岩发生破坏,围岩塑性区沿层理面向深部发展。

针对厚顶煤巷道,建立了具有煤岩层分界面的相似模拟模型,分析了埋深、构造应力、层理面对厚顶煤巷道变形破坏的影响特征。试验结果表明:埋深和构造应力越大,顶煤弯曲下沉越严重,沿水平层理的滑移错动及其剪切破坏特征越明显,顶板锚杆锚索发生剪切破断的可能性越大;采用数值计算分析方法,分析得到了深部构造应力下厚顶煤巷道围岩变形破坏机制:在构造应力及顶煤下沉产生的附加水平应力作用下,顶煤和直接顶之间的层理面发生剪切破坏,并引起其附近煤体破坏,促使顶煤形成"倒梯形"塑性区,引起顶煤不稳定区域增大,甚至垮冒失稳。

针对沿煤层顶板掘进巷道,建立了数值计算模型,分析了不同侧压系数下围岩位移、围岩应力、锚杆轴力与位移特征等,揭示了围岩变形与支护结构破坏失稳机理;建立了肩角锚杆力学分析模型,分析了层理面的滑移对锚杆的作用,得到了锚杆变形与应力计算式,揭示了构造应力作用下厚煤层巷道肩角锚杆杆体及锚尾破断机制:在构造应力作用下,煤帮沿顶板层理面发生滑移变形,煤帮塑性区亦沿层理向深部发展,使得肩角煤体不稳定区域增大,加大了肩角围岩控制难度;在煤帮沿顶板层理面的滑移剪切力作用下,杆体发生弯曲变形,并且在层理面处受到的剪切力最大,而使得锚杆在层理面处易被剪断;锚尾破断的主要原因在于:一是杆体弯曲变形导致的锚尾轴力的增大,而且肩角锚杆倾角越大,锚尾轴力越大;二是煤体变形支护体系产生的偏心载荷致使锚尾下侧所受拉力增大。

基于深部构造应力作用厚煤层巷道围岩变形破坏机制,提出了该类巷道"控让耦合+关键部位强化支护"的围岩控制原则,分析了厚煤层巷道锚杆支护作用机制。针对沿煤层顶板掘进巷道"煤帮滑移变形大、肩角锚杆破断"等问题,提出了"高强高预紧力锚杆支护、控让耦合支护"围岩稳定原理与控制技术,既允许煤帮沿顶板层理面发生一定的滑移变形,又限制肩角煤体塑性区的扩大,"控""让"结合即可实现围岩及支护结构稳定;针对厚顶煤的"倒梯形"塑性区问题,提出了"高强高预紧力锚杆支护、顶煤斜拉锚索梁支护与肩角煤体加强支护"围岩稳定原理与控制技术,有效减小顶煤弯曲下沉,提高煤岩层理面的抗剪能力,阻止厚顶煤形成"倒梯形"塑性区,显著提高厚顶煤巷道围岩的稳定性。依据厚煤层巷道围岩稳定控制原理与控制技术,在新巨龙煤矿厚煤层巷道开展了工业性试验,实现了巷道围岩及支护结构稳定。

在作者的研究过程中,得到了我国著名采矿专家侯朝炯教授、柏建彪教授的悉心指导,特此致以崇高的敬意;此外,还得到了董正筑教授、曹胜根教授、王襄禹教授、徐营副教授、王猛副教授、神文龙副教授等老师的指导和帮助。在现场研究工作中,得到了山东新巨龙能源有限责任公司的大力支持。本书部分研究得到了国家自然科学基金项目、河南省重点研发与推广专项(科技攻关)、煤炭安全生产与清洁高效利用省部共建协同创新中心及河南省矿产资源绿色高效开采与综合利用重点实验室的资助。在此,作者表示深切的感谢!

由于作者水平有限,书中难免有疏漏和欠妥之处,敬请专家、同行批评指正。

著　者

2023 年 9 月

目　录

1　绪　　论

1.1　研究背景及意义

　　煤炭占我国化石能源资源的 90% 以上,是我国的基础能源和重要原料。近年来,在我国一次能源消费结构中,煤炭消费占比仍在 56% 左右[1-2]。在今后较长一个时期,我国宏观经济将继续保持中高速发展,煤炭作为我国兜底保障能源的地位不会改变。我国深部煤炭资源储量所占比重较大,埋深大于 600 m 和 1 000 m 的储量分别占到 73% 和 53%[3]。随着浅部资源的减少,煤矿开采逐渐向深部发展。为了保障国家能源安全和经济快速发展,深部煤炭资源安全开采具有重要战略意义。

　　据统计,国外一些煤矿的开采深度达到了 1 000~1 500 m[3-7],德国煤矿开采深度最大,平均采深已超过 900 m,最大采深已达 1 750 m[7];俄罗斯采深已达 1 200~1 350 m;波兰煤矿开采深度已达 1 200 m,日本、英国、比利时的煤矿采深也在 1 000 m 以上。资料表明[8-10],我国中东部地区的大部分煤矿已进入深部开采,煤矿开采深度达到 1 000~1 500 m,西部地区煤炭资源的开采深度也越来越大。新汶、徐州、淮南、开滦、济宁、巨野、平顶山等矿区的开采深度已超过 1 000 m,全国超过千米的矿井达数十个,如新汶孙村煤矿已达 1 501 m,张小楼煤矿已达 1 222 m,华丰矿已达 1 120 m。随着浅部资源的日益枯竭,深部开采将成为煤炭资源开发的常态。

　　地应力实测结果表明[11-16],煤系地层的最大水平应力普遍大于垂直应力,在构造区域,水平应力尤为显著,部分矿井实测水平应力达到垂直应力的 2~4 倍[15]。随着煤矿开采深度的增大,再加上构造应力的作用,巷道围岩控制问题更为突出。对于厚煤层巷道,受到大埋深、构造应力、软弱煤体围岩、强烈动压等多重因素影响,其控制难度更大,甚至出现片帮、冒顶等被动局面,主要原因在于应力环境恶化及软弱煤层变形失稳。

　　巨野煤田位于山东省西南部,已探明的总地质储量为 55.7 亿 t,属于华东地区的特大型煤田。煤层埋深为 800~1 300 m,主采煤层 3 号煤平均厚度为 8 m。巨野矿区地层构造应力显著,最大水平应力为 30~40 MPa,水平应力为垂直应力的 1.5~3.2 倍。该矿区煤层巷道一般是沿 $3_\text{上}$ 或 $3_\text{下}$ 煤层顶板掘进的巷道,或沿 3 号煤底板掘进的厚顶煤巷道。在深部构造应力作用下,沿煤层顶板掘进巷道的煤帮易于沿顶、底板发生滑移错动,使得层理面附近围岩稳定性和支护结构可靠性大大降低。如新巨龙矿北区胶带运输大巷,在断层附近构造应力显著地段,肩角煤体滑移量大且较破碎,大量肩角帮锚杆破断失效。而巨野矿区综放工作面回采巷道多为沿底板掘进的厚顶煤巷道,顶煤厚度在 5 m 左右,在深部构造应力作用下,顶煤及煤帮的变形破坏程度均较大,极易发生垮冒失稳,存在很大的安全隐患。

　　为此,本书针对巨野矿区厚煤层巷道围岩稳定控制难题,以沿煤层顶板掘进巷道、厚顶煤巷道等两类厚煤层巷道为主要对象,在分析巨野矿区深部构造应力场分布特征的基础上,从软弱煤层及煤岩层之间层理面对巷道围岩变形破坏的影响出发,综合运用理论分析、数值计算、相似模型试验、现场试验等方法,开展深部构造应力作用下厚煤层巷道围岩变形失稳机制与稳定控制研究,为该类巷道围岩控制提供理论依据及技术支撑。

1.2 国内外研究现状

1.2.1 构造应力场研究现状

地应力是指存在于地壳中的内应力,主要由自重应力、构造应力、孔隙应力、热应力和残余应力等组成,其中自重应力和构造应力是其主要组成部分。对于煤矿地下工程来说,主要考虑自重应力和构造应力。自重应力是由地心引力引起的,其值可以通过简单的公式进行计算;构造应力是由地壳构造运动引起的,具有复杂性和多变性[17]。

影响地应力的主要因素有[17-19]:地质构造形态、地形地貌、岩体力学性质等。地质构造形态(如断层、褶曲等)会对其附近岩体地应力分布产生影响,地应力大小或升高或降低,地应力方向也会出现不同程度的偏转。地形地貌也是影响地应力的重要因素,如谷底一般易于发生应力集中,且最大主应力近似为水平方向,而两侧岩体则向谷底或两侧倾斜。但地形对地应力场的影响程度随远离地表、进入地层深部而减弱,并逐渐与区域地应力场趋于一致。岩体力学性质对地应力分布也具有显著影响,岩体应力上限受到岩石强度限制,岩体强度越高,越易于存储较高的地应力,反之,地应力水平相对较低。

一般情况下构造运动以水平运动为主,构造应力又可近似看作是水平应力[17-27]。许多地质现象,如断裂、褶皱等均表明地壳中存在水平应力[17-19]。早在 20 世纪 20 年代,我国地质学家李四光就指出:在构造应力的作用仅影响地壳上层一定厚度的情况下,水平应力分量的重要性远远超过垂直应力分量[17]。

从大地构造来看,我国大陆属于欧亚板块,受到印度板块、太平洋板块的挤压作用,其最大主应力迹线走向从喜马拉雅山沿巨大拱弧形带向北延伸[17,28]。我国西部地区位于该最大主应力迹线范围内,这些地区地震活动强度较高且较频繁[27]。六盘水矿区、松藻和南桐矿区、靖远和华亭矿区、石嘴山矿区、大通矿区和哈密矿区及云南省北部煤矿都受到该构造应力的影响,在浅部开采时就发生冲击地压,且大量巷道需要多次返修[29-37]。

查明地层中地应力的大小和方向是进行围岩稳定性分析、巷道支护科学设计的必要前提。目前,地层中的构造应力尚无法用数学、力学的方法进行计算,而只能采用实测方法获取。根据测量原理的不同,目前使用的地应力测量方法有应力解除法、应力解除法、应力恢复法、水力压裂法、声波法等[17]。

大量地应力测量资料表明[19-27]:地应力场是以水平应力为主的三向不等压应力场。绝大部分地区的两个主应力位于水平面或接近水平面上。最大水平主应力随深度呈线性增长,普遍大于垂直应力;最小水平主应力也随深度呈线性增长,但与最大水平应力相差较大;垂直应力随深度增加呈线性增加,一般等于上覆岩层自重,在多数情况下为最小主应力,少数情况下为中间主应力,个别情况下为最大主应力[18]。虽然随着地层深度的增加,地应力有进入静水压力状态的趋势,但地应力实测表明,在煤矿开采深度 1 000~1 500 m 范围内,地应力场仍以水平应力为主导[11-14]。可见,深部煤层开采时,巷道围岩稳定性仍然受到较大构造应力的影响,尤其在构造带的应力集中区。

1.2.2　构造应力作用下巷道围岩变形破坏规律研究现状

煤矿开采过程中,很多巷道受到构造应力的影响,出现了严重的变形破坏。国内外的一些学者以及工程技术人员对构造应力作用下巷道围岩变形破坏规律进行了研究。

澳大利亚学者盖尔(W.J.Gale)通过现场观测和数值计算分析,得出了水平应力对巷道顶底板变形的影响规律,认为在最大水平应力作用下,顶底板易于发生剪切破坏,且巷道的变形破坏具有极强的方向性,即最大水平应力理论[38-40]:走向与最大水平应力平行的巷道受水平应力影响最小,顶底板稳定性最好;走向与最大水平应力呈锐角相交的巷道,巷道一侧会出现水平应力集中,顶底板变形破坏偏向巷道某一帮;与最大水平应力垂直的巷道,顶底板稳定性最差,如图 1-1 所示。

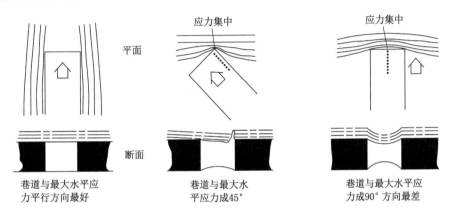

图 1-1　构造应力方向对巷道稳定性的影响[38-40]

鲁岩[16]应用巷道的广义平面应变模型、FLAC[3D]数值计算模拟方法,并结合在兖州矿区巷道位移观测,讨论了随着巷道轴向与构造应力夹角 α 的变化,巷道围岩应力及其位移的分布规律,得到夹角 α 对巷道稳定性的影响规律:$\alpha=0°\sim15°$ 时为影响轻微区;$\alpha=15°\sim75°$ 时为影响增长区;$\alpha=75°\sim90°$ 时为影响剧烈区;$\alpha=0°$ 时,最有利于巷道的稳定,$\alpha=90°$ 时,最不利于巷道的稳定性。针对构造应力场中巷道稳定问题,文献[41]~[48]采用理论分析、数值模拟、现场观测等方法分析了构造应力场中巷道布置方位对巷道围岩稳定性的影响,其所得结论与最大水平应力理论相一致。因此,布置巷道时,应当尽量避免巷道轴向与构造应力夹角过大,以减小构造应力对巷道稳定性的影响。

构造应力场中,巷道围岩稳定性除与巷道布置方位有关外,还与巷道断面形状和尺寸有关。巷道断面形状与尺寸影响围岩应力重新分布,从而对巷道围岩稳定性也产生影响。一般地,矩形、梯形、圆弧形断面巷道的围岩稳定性由差变好[47-49]。构造应力较大时,有时侧压大于顶压,严重时,大量棚腿出现折断,拱顶则呈现出"尖桃"形态,底鼓亦较严重。而对于巷道断面尺寸,巷道宽度、高度越大,围岩的稳定性越差。力学分析表明,在构造应力场,采用宽度大于高度的拱形断面,或者短轴与水平应力垂直的椭圆形断面,则有利于减小围岩破坏区范围,提高围岩的稳定性[47]。

金川矿区、开滦矿区等受构造应力影响巷道的现场监测表明,深部构造应力作用下巷道的变形破坏特征为[50-54]:① 巷道变形量大。这是由深井巷道围岩破碎区、塑性区范围较大而决定的。② 掘巷初期变形速度大。由于深部巷道掘巷后即进入低围压、高应力差状态，促使掘巷初期的围岩变形较剧烈。③ 变形持续时间长。围岩应力高导致破碎区、塑性区不断向深部发展，并且岩体的峰后破碎区的蠕变特性导致围岩变形持续时间较长。④ 巷道顶底板的屈曲变形、剪切变形破坏特征明显，两帮收敛大，主要是由于构造区域水平应力高造成的。

在不同的围岩结构条件下，构造应力作用巷道的变形破坏具有非均称性。勾攀峰等[55]采用物理模拟和数值模拟方法研究了不同水平应力作用下巷道围岩稳定性，结果表明：随着水平应力增加，水平应力向巷道顶底板深部传递的趋势明显，导致巷道底鼓及褶皱形破坏，顶板剪切变形及楔形冒落，顶底板变形破坏大于巷道两帮的变形破坏。

孟庆彬等[56]研究得到：在构造应力作用下巷道围岩流变性显著而且巷道顶底板移近量大于两帮移近量，底鼓非常严重。姜耀东等[15]研究了开滦矿区深部构造应力作用下巷道的破坏特征，认为构造应力较大时，巷道将不可避免地发生大变形、强流变和严重底鼓。

鲁岩[16]采用力学分析、数值计算、相似模拟试验等方法研究了构造应力作用巷道的变形破坏特征，其结论是巷道顶底板及肩角、底角围岩变形破坏较严重，两帮则易于沿顶底板岩层向巷道空间发生整体滑移错动。

李国富、张生华、宋志敏等[57-59]通过理论分析认为构造应力作用巷道顶底板将发生屈曲破坏，而两帮则在支承压力作用下发生压缩破坏。孔德森等[60]研究了构造应力对拱形巷道稳定性的影响，认为构造应力造成了两帮移近量的急剧增大，但是对顶底板移近量却影响较小。

综上所述，国内外对构造应力大小及其方向对巷道稳定性的影响进行了大量研究。结果表明，在深部高构造应力作用下，巷道易于出现顶板屈曲破坏和离层、严重底鼓、两帮收敛大等矿压显现特征，而且构造应力作用巷道的变形破坏往往具有非均称性。对于深部构造应力作用下厚煤层巷道而言，由于受到软弱煤帮或厚顶煤的影响以及煤岩层之间层理面的影响，厚煤层巷道围岩变形破坏往往更为严重，目前对于此类复杂条件下厚煤层巷道围岩变形破坏规律方面的研究较少。

1.2.3 深部构造应力作用下巷道围岩控制理论与技术研究现状

在深部构造应力作用下，巷道围岩破坏深度大、变形量大，支护时一般采用既能主动支护又能适应围岩大变形的锚杆支护作为基本支护。支护思路是实现支护与围岩共同承载，并强调围岩自身的承载能力。在巷道围岩控制方面，国内外学者提出了多种支护理论，如新奥法理论、松动圈支护理论、联合支护理论、关键部位耦合支护理论、最大水平应力理论、围岩强度强化理论、高预应力锚杆锚索强力支护理论等。

Rabcewicz 提出的新奥法[61]，即强调通过锚杆支护提高围岩自身的承载能力，进而控制围岩的变形破坏。

澳大利亚学者盖尔认为，在最大水平应力作用下，巷道的变形破坏具有极强的方向性[38-40]，提出了最大水平应力理论。在这种应力作用下，顶底板岩层会发生剪切破坏，导致松动与错动，从而引起岩层膨胀、变形。锚杆的作用是抑制岩层沿锚杆轴向的膨胀和垂直于轴向的剪切错动，因此，锚杆必须具有强度大、刚度大、抗剪能力强，才能起到上述两方面的约束作用。

冯豫、陆家梁、郑雨天、朱效嘉等提出了"联合支护理论"[62-65]，认为大变形巷道支护应遵循"先柔后刚、先挖后让、柔让适度、稳定支护"的支护原则。锚喷网索、锚喷网架、锚带网架、锚带喷架等支护技术即符合此支护原则；郑雨天、朱效嘉则提出"锚喷-弧板支护理论"[64-65]，该理论亦强调"先柔后刚"，锚喷属于柔性支护，而"钢筋混凝土弧板"则属于刚性支护。

侯朝炯、勾攀峰等提出锚杆"围岩强度强化理论"，揭示了锚杆支护对巷道围岩稳定的作用[66-67]；锚杆支护可提高围岩的峰值强度和残余强度，从而有利于发挥围岩自身的承载能力，锚固体强度强化到一定程度，即可实现围岩稳定。围岩强度强化理论揭示了锚杆对破碎围岩巷道支护的作用机理。

董方庭等提出的"围岩松动圈理论"[68]则认为支护的主要作用是限制松动圈发展过程中的碎胀变形；靖洪文等[69]研究了深部大松动圈围岩综合指标分类法，探讨分析了深部巷道围岩松动圈稳定控制理论与技术进展，可为深部巷道支护设计研究提供借鉴思路。

Salamou等提出能量支护理论[70-71]，认为支护与围岩相互作用过程遵循能量守恒原则，围岩在变形过程释放多少能量，支护则吸收多少能量，总的能量保持不变；王猛等[72]研究了支护对围岩能量耗散的调控效应，建立了支护调控围岩稳定的能量判据，反演了巷道支护参数，并成功应用于现场工程实践。

何满潮等[73-75]提出了"关键部位耦合组合支护理论"，认为深部巷道围岩或支护结构的破坏是由于围岩与支护体在结构、强度和刚度等方面的不耦合造成的；采取合理的支护技术使二者相互耦合，才能保证巷道的稳定性。何满潮等[76]针对孔庄矿深部巷道变形破坏特征，通过实施"锚网索耦合支护＋肩窝锚索强化支护＋双排底角锚杆底鼓控制"非均称联合支护，有效控制了巷道变形。

康红普等[77-79]针对深部巷道围岩变形的流变性、扩容性和冲击性，分析深部巷道锚杆支护的作用，提出高预应力、强力锚杆支护理论，认为深部巷道应采用高预应力、强力锚杆组合支护，同时要求支护系统有足够的延伸量；应尽量一次支护就能有效控制围岩变形与破坏，避免二次支护和巷道维修。

康红普等[80-81]依托国家重点研发计划"煤矿千米深井围岩控制及智能开采技术"，针对千米深部巷道围岩高应力、强采动、大变形的特点，提出了巷道支护-改性-卸压"三位一体"协同控制技术，实现高预应力、高强度、高冲击韧性锚杆主动支护，高压劈裂注浆主动改性及水力压裂主动卸压的"三主动"协同作用，为千米深井巷道围岩控制提供了指导方针。

侯朝炯[82-83]针对深部复杂力学环境下巷道围岩控制，分析了影响巷道围岩稳定性的因素，提出了4种控制途径：优化巷道布置，避开高应力的作用时间和范围；实施卸压技术，包括底板掘巷、上行开采，超前钻孔和底板爆破卸压等措施；采用高强、高预紧力、高延伸率锚杆（索）支护系统以及注浆加固围岩，提高围岩力学性能；优化巷道断面，尽可能选择弧形断面。针对深部大变形巷道围岩控制的两个突出难点：底鼓和蠕变，提出了相应的控制技术——通过加固底板和巷道帮角控制底鼓，采用合理的一次支护和二次支护来实现巷道的长期稳定。

王襄禹等[84]针对深部大变形巷道，研究了弱面对围岩变形破坏的影响规律，并基于高强高预应力控制原则、非均称控制原则、全断面控制原则，提出了以"锚杆锚索强力支护、控制底鼓和注浆加固"为核心的分阶段动态控制技术。

　　谢广祥等[85]研发了深井巷道围岩稳定性控制的时空耦合一体化支护技术,其核心是突出不同时间、巷道不同部位,强调实施不同强度一体化主动支护,实现巷道支护在时间及空间上的最佳耦合,及时地尽可能把巷道围岩变形控制在最小范围内。

　　张农等[86]针对在薄层状煤岩互层中掘进的全断面大变形巷道,总结了包括肩角失稳破坏、一帮内挤、底板凸起及全断面失稳等多种不均匀破坏特征,提出通过锚杆、锚索、注浆等主动支护构建整体封闭式支护,并辅以结构补强措施,提出了巷道全断面加固方法,保证了穿层巷道的施工安全和长期稳定。

　　马念杰等[87]针对深部采动巷道蝶形分布塑性区特征,提出了可接长锚杆支护技术,较好地适应了顶板的剧烈下沉,保证了支护结构的可靠性。

　　刘泉声等[88]研究了深部巷道围岩变形破坏过程及非线性大变形机制,并提出分步联合支护技术方案。结果表明,局部关键块体的垮落或滑移是导致巷道产生非线性大变形的主要原因;分步联合支护技术是一种有效控制深部巷道非线性大变形的支护形式。

　　李术才等[89]基于矿山常用的U型钢拱架,设计了一种U型约束混凝土拱架,研究了U型约束混凝土拱架的力学性能及破坏特征,可为深部巷道围岩控制提供一种新型支护形式。

　　郭志飚等[90]针对沈北矿区深部软岩巷道的严重底鼓和顶板下沉问题,提出了以恒阻大变形锚杆耦合支护为主体的控制技术。

　　黄万朋[91]分析了深部巷道的非对称大变形机理,研究了围岩的分层结构与层间岩性的差异对巷道围岩非对称变形的影响规律,提出了在关键部位加强支护的控制措施,并采用以钢管混凝土支架为主体的复合支护技术,保证了巷道稳定。

　　赵飞[92]针对深部缓倾斜软岩巷道,在分析对称支护失效机理的基础上,研究了水平应力大小及方向、围岩产状等因素对巷道变形的影响,并提出"关键部位加强支护"的非对称耦合支护对策。

　　任庆峰[93]针对深部软岩巷道,提出通过"关键部位耦合支护"来发挥围岩和支护体的承载能力,最终实现巷道长期稳定。

　　张广超等[94]针对千米深部软岩巷道围岩"大变形、强流变、强烈底鼓"围岩控制难题,提出了"高性能锚网喷＋高强锚索＋可缩性环形支架＋注浆加固"的联合支护技术。

　　综上所述,对于深部大变形巷道,通过国内外学者的研究和实践,提出了"综合治理,联合支护,长期监控,因地制宜"的支护原则以及耦合支护、二次支护、高预紧力强力支护等支护理念和控制技术,逐步形成了"卸压控制、锚杆锚索强力支护、金属支架、注浆加固"等多种形式联合的围岩控制模式,对于全断面收敛巷道则采用封闭式支架或钢管混凝土支护,取得了良好控制效果。但对于深部构造应力作用下的厚煤层巷道,由于受到高水平应力、软弱煤体围岩、煤岩层理面等多种因素影响,采用现有的锚杆锚索强力支护技术,未能有效解决围岩及支护结构的破坏失稳问题。

1.2.4　深部煤巷锚杆支护技术研究现状

　　煤巷支护的研究和发展一直是煤炭行业领域科研工作者关注的焦点。随着支护理论和技术的不断进步,煤巷支护方式逐渐从金属支架等被动支护形式向锚杆支护等主动支护形式发展。国内外的实践经验表明,锚杆支护是煤巷经济、有效的支护技术。锚杆支护显著改善了巷道支护效果,降低了巷道支护成本,减轻了工人劳动强度。

随着煤巷锚杆支护理论与技术的发展,我国煤巷锚杆支护得到了大面积的应用[85-91]。锚杆支护理论及实践表明,煤巷锚杆支护,尤其是深部巷道锚杆支护,其成功的原因在于高强度、高预紧力、高刚度及大变形条件下的让压性。

20世纪80年代中后期以来,我国锚杆材质由低强度圆钢锚杆向高强度螺纹钢锚杆发展。目前,按锚杆材质屈服强度大小可分为3个级别[84]:σ_s<340 MPa,为普通锚杆;340 MPa≤σ_s<600 MPa,为高强锚杆;σ_s≥600 MPa,为超高强锚杆。螺纹钢锚杆普遍采用树脂锚固,加长锚固为主要锚固方式,全长锚固也有应用,锚杆锚固力得到较大提高。不仅锚杆材质及锚固材料与方式得到了发展,锚杆支护设计、施工机具与工艺以及支护监测也得到了相应发展,形成了煤巷锚杆支护成套技术,大大提高了煤巷支护的安全性、经济性。

高预紧力锚杆支护对围岩变形破坏的控制作用在于[78,95-98]:① 主动及时支护围岩,减小围岩早期变形破坏,提高围岩的峰值强度和残余强度,充分发挥围岩自身的承载能力,提高围岩稳定性。② 使顶板处于预应力刚性梁状态,有效减轻顶板中部的拉破坏以及顶角的剪切应力集中,减小顶板下沉,避免出现垮冒。③ 充分发挥锚杆的支护能力,对破碎围岩实现高阻让压。高预紧力可使锚杆在工作过程中具有较大的支护强度,而锚杆的大延伸率则可对围岩的变形实现让压。由于认识到预紧力的重要性,我国深部煤巷锚杆支护的预紧扭矩已经达到了400~500 N·m。

康红普等[77-79]分析了深部巷道锚杆支护的作用,提出了高预应力、强力锚杆支护理论,强调通过高预紧力实现对围岩离层、滑动及裂纹扩展的控制。康红普等提出的煤巷锚杆支护理论与成套支护技术已经在深井高应力巷道、软弱煤岩体巷道、强烈采动影响巷道等复杂困难巷道成功应用。

张农等[99]采用巷道顶板应力强度指数、巷道煤体松散系数、顶板不安全因子3个综合指标,对淮南矿区深部煤层巷道围岩稳定性控制难度进行了分级归类,进而提出以"高强度、高预紧力和高刚度"锚杆控制技术为基础的针对性控制对策,并在矿区成功进行了现场工业性试验。

针对复杂条件下的大变形煤巷,何满潮[100]研发了具有负泊松比效应的恒阻大变形锚杆支护技术,使锚杆具有在恒阻条件下允许围岩发生一定变形的能力;王琦等[101]对恒阻吸能锚杆进行了力学性能测试,提出了恒阻吸能锚杆支护思路,并成功开展了现场应用;李术才等[102]针对深部厚顶煤巷道,以"先抗后让再抗"为支护理念,研发了高强让压型锚索箱梁支护系统,支护系统对围岩提供了更大的支护反力,且让压效果明显,现场围岩控制效果较好。

何富连等[103]建立了考虑倾斜挤压力的窄煤柱综放煤巷直接顶简支梁的力学模型,研发了顶板多锚索钢梁桁架系统,其核心为两侧锚索倾斜穿过锚固在肩窝深部三向受压岩体内,具有锚点稳固、高强承载等特点。余伟健等[104]研究了深井煤巷厚层复合顶板岩层的结构特点和力学性质,提出了以"预应力大刚度桁架锚索梁"为核心的综合控制技术,取得了良好控制效果。单仁亮等[105]提出了煤巷强帮强角支护理论与技术、纵向梁复合式支护技术、协同支护技术、抗剪锚管索支护技术,并成功应用于西山矿区和汾西矿区煤巷支护。

靖洪文等[106]针对深埋高应力巷道,提出了锚喷、锚注及锚索"三锚"支护技术,通过锚杆支护、注浆改性、锚索支护等形成一个一个稳定的承载圈。乔卫国等[107]针对新疆准东矿巨厚煤层全煤巷道复杂地质特征,分析了注浆对松软破碎的煤岩体的加固效果,提高锚杆

(索)的可锚性,抑制围岩塑性区向深部发展。张华磊等[108]研究了煤巷帮部失稳机理,提出将注浆锚索支护技术应用于煤巷片帮治理。田江华[109]针对麻家梁煤矿首采工作面回采巷道受采动影响出现顶板周期性台阶下沉、巷道变形严重的问题,提出了动态注浆加固技术,有效改善了巷道围岩状况。徐星华等[110]分析了超细水泥浆液的流动和固结性能,并将其用于煤巷围岩加固中,有效控制了巷道变形。

综上所述,经过多年的发展,深部煤巷锚杆支护逐步形成高强、高刚度、高预紧支护模式,同时配合由各种形式的让压构件或者锚索梁组合支护形式,当煤岩体破碎时则形成了锚杆索与注浆相结合的锚注支护方式或者主被动结合的联合支护方式。不同的生产地质条件,可以选择不同的支护方式和参数,煤巷支护效果得到了明显改善。但是深部构造应力作用下厚煤层巷道的支护难题仍然没有解决。该类巷道在高水平应力作用下,煤岩结构面易于发生剪切位移,围岩则发生剪胀变形,致使锚杆、锚索破断失效问题频发,仍然需要从锚杆-围岩作用关系出发,寻求相应解决方案。

1.3 存在的问题

随着煤矿开采深度的增大,巷道围岩控制难度逐渐增大,尤其在构造应力的作用下。在深部巷道围岩控制理论与控制技术方面虽然取得一些成果,但对于深部构造应力作用下的厚煤层巷道,由于受到高水平应力、软弱煤体围岩、煤岩层理面等多种因素影响,采用现有的锚杆锚索支护技术,未能有效解决围岩及支护结构的破坏失稳问题。主要存在以下问题:

(1)沿煤层顶板掘进巷道的特点是:两帮为煤体、顶底为岩体,煤层与顶底板岩层之间层理面与巷道相连。深部构造应力作用下,两帮煤体易于沿煤层与顶底板之间的层理面发生滑移,层理面附近的两帮煤体变形破坏严重,顶底板稳定性也受到影响。以前的研究,往往忽视了围岩沿层理面的滑移对煤层巷道稳定性的影响。

(2)深部构造应力作用下,煤岩结构面易于发生剪切位移,围岩则发生剪胀变形,致使锚杆、锚索破断失效问题频发:沿煤层顶板掘进巷道肩角煤体变形破坏较严重,且大量肩角锚杆发生破断,存在支护设计不合理、支护体系适应性差的问题,需要深入研究锚杆与围岩相互作用关系,并提出相应的围岩稳定原理与控制技术。

(3)在深部构造应力作用下,厚顶煤巷道由于顶、帮均为软弱煤体,且软弱顶煤厚度大,顶、帮煤体破坏范围大、变形量大,围岩稳定性差,支护结构破坏失效严重,甚至发生冒顶事故,亟须开展深部构造应力作用下厚顶煤巷道围岩变形机理与控制研究。

1.4 主要研究内容

本书针对巨野矿区厚煤层巷道围岩稳定控制难题,以沿煤层顶板掘进巷道和厚顶煤巷道两类厚煤层巷道为主要研究对象,在分析巨野矿区深部构造应力场分布规律的基础上,从软弱煤层及煤岩层之间层理面对巷道围岩变形破坏的影响机制出发,综合运用理论分析、数值计算、相似模型试验、现场试验等方法,开展深部构造应力作用下厚煤层巷道围岩稳定性与控制方面的研究。主要研究内容为:

(1)巨野矿区深部构造应力场分布规律及其对巷道稳定性的影响

分析巨野矿区地质构造特征,并对巨野矿区的地应力实测数据进行分析,得到巨野矿区构造应力场分布规律,包括应力量值、方向与埋深、构造的关系等;对断层附近地段进行地应力实测,查明主应力的大小和方向,并进行地应力场回归反演分析,得出断层附近构造应力场的分布规律;采用数值计算方法研究断层附近巷道的稳定性,得到构造应力场中巷道布置与其稳定性的关系,并通过现场观测进行验证。

（2）深部构造应力作用下层理面对厚煤层巷道稳定性的影响

软弱煤层位置及煤岩层之间的层理面对厚煤层巷道稳定性影响显著。建立全煤巷道、沿煤层顶板掘进巷道、煤顶巷道、煤底巷道等 4 类厚煤层巷道数值计算模型,分析深部构造应力作用下厚煤层巷道围岩塑性区、围岩位移及围岩应力的分布特征,尤其是软弱煤层位置、煤岩层之间的层理面的位置不同时厚煤层巷道围岩的变形破坏规律,揭示深部构造应力作用下厚煤层巷道围岩变形破坏机制。

（3）深部构造应力作用下厚煤层巷道稳定性相似模拟试验研究

基于厚煤层巷道围岩结构,建立具有层理面的厚煤层巷道相似模拟试验模型,通过分级加载模拟不同的巷道围岩应力环境,加载过程中对围岩应力与位移进行动态监测,分析埋深、构造应力、层理面对围岩变形、围岩应力分布以及支护结构变形破坏的影响规律,揭示深部构造应力作用下厚煤层巷道围岩及支护体系的变形破坏规律。

（4）深部构造应力作用下厚煤层巷道破坏失稳分析

结合深部构造应力作用下厚煤层巷道支护工程实例,采用现场观测、数值计算等方法,研究沿煤层顶板掘进巷道围岩破坏失稳特征、锚杆的受力特征及其破坏失稳机理;建立沿煤层顶板掘进巷道肩角锚杆力学分析模型,分析推导层理面滑移剪切作用下肩角锚杆杆体和锚杆尾部的受力及变形计算式,得到肩角锚杆杆体及锚尾破断机理;建立厚顶煤巷道围岩稳定性分析数值计算模型,分析厚顶煤巷道围岩位移、应力、塑性区与围岩结构、煤岩之间层理面的关系,揭示深部构造应力作用下厚顶煤巷道围岩破坏失稳过程,据此找出围岩控制的关键部位。

（5）深部构造应力作用下厚煤层巷道围岩稳定原理与控制技术

针对深部构造应力作用下厚煤层巷道围岩及支护结构的变形破坏机制,找到围岩控制的关键部位,提出围岩稳定控制原则,采用理论分析、数值模拟方法,分析埋深和构造应力作用的支护-围岩关系,揭示厚煤层巷道锚杆支护作用机制;针对沿煤层顶板掘进巷道,研究肩角煤体"控让耦合支护"原理和技术;针对厚顶煤巷道,研究锚杆锚索与顶煤的作用机理,分析顶煤斜拉锚索控制作用原理,提出厚顶煤巷道围岩控制技术。

（6）工程实践

针对具体的工程地质与开采技术条件,依据提出的"深部构造应力作用厚煤层巷道围岩稳定原理与控制技术",确定合理的围岩控制技术参数,进行现场工业性试验,分析其控制效果,并完善理论研究成果和控制技术。

2　深部构造应力场分布规律及其
对巷道稳定性的影响分析

地应力是巷道围岩变形破坏的根本作用力,明确地应力大小和方向是进行围岩稳定性分析、围岩控制设计的必要前提。自重应力场和构造应力场是地应力场(原岩应力场)的主要组成部分,也是巷道开挖后围岩变形破坏的主要作用力。巨野矿区开采深度为 800~1 300 m,埋深较大,自重应力较高;矿区构造则为以近东西向和近南北向的两组断层组成的"棋盘"式构造形态,对地应力场影响显著。该矿区采用水压致裂法、应力解除法、声波测试法等多种方法进行了地应力测量。本章以实测地应力为依据,分析了巨野矿区深部地应力场分布特征,包括应力量值、方向与埋深、构造的关系等,并对局部断层附近的地应力场进行了反演分析,得到了断层附近构造应力场的分布规律。在对地应力场分析的基础上,采用数值模拟方法研究了构造应力场中巷道布置方位与其稳定性的关系,并通过现场观测进行了验证。

2.1　构造应力场分布基本规律

地应力是存在于地层中的未受工程扰动的天然应力。地应力的形成主要与地球的各种运动过程有关,如地心引力、地质构造运动、地幔热对流、地球旋转等,其中重力作用和构造运动是引起地应力的主要原因。由于岩体自重而引起的应力,称为自重应力;由于地质构造运动而引起的应力称为构造应力。构造运动随时间、空间而变化。因此,地应力场在时间上、空间上具有复杂性和多变性。

由自重而产生的水平应力一般为垂直应力的 0.25~0.43 倍,但大量地应力实测结果却表明[17-18],水平应力一般高于垂直应力,有时甚至几倍于垂直应力。其原因是地层中存在构造应力。构造应力分布的基本特点为[111]:① 构造应力主要表现为水平应力。② 在大的区域构造应力场中,构造应力具有明显的方向性,且通常两个方向的水平应力值是不相等的。③ 构造应力分布很不均匀,构造附近主应力的大小、方向变化较剧烈。④ 构造应力在坚硬岩层中比较普遍,主要原因是坚硬岩层强度大,可积聚大量弹性能。

地应力分布具有一定的规律性。垂直应力 σ_v 深度增加呈线性增长[图 2-1(a)],且大致等于覆岩自重,构造应力场则具有以下基本规律[17]:

(1) 水平应力普遍大于垂直应力

在水平或近似水平的平面内,一般存在两个主应力,即最大水平主应力 σ_{hmax}、最小水平主应力 σ_{hmin}。绝大多数情况下,σ_{hmax} 普遍大于 σ_v。σ_{hmax}、σ_{hmin}、σ_v 三者的关系,多数情况下 $\sigma_{hmax} > \sigma_{hmin} > \sigma_v$,少数情况下 $\sigma_{hmax} > \sigma_v > \sigma_{hnin}$,个别情况下 $\sigma_{hmax} > \sigma_{hmin} > \sigma_v$。

(2) 平均水平应力 $\sigma_{av}[(\sigma_{hmax} + \sigma_{hmin})/2]$ 与垂直应力 σ_v 的比值随深度增加而减小

两者比值的分布情况如图 2-1(b)所示。随着深度增加,两者比值的变化范围逐渐减小。在深度小于 1 000 m 时,两者比值为 0.4~3.5,分布较分散;深度超过 1 000 m 后,两者比值逐渐向 1 靠拢,这说明地壳深部将有可能出现静水压力状态。

依据图 2-1 中的数据,霍克和布朗回归得到 σ_{av}/σ_v 随深度 H 变化的取值范围:

$$\frac{100}{H}+0.3 \leqslant \frac{\sigma_{av}}{\sigma_v} \leqslant \frac{1\,500}{H}+0.5 \tag{2-1}$$

目前,我国煤矿深井的开采深度多数在 800~1 000 m,少数达到 1 200~1 300 m,按 1 000 m 深度计算,平均水平应力与垂直应力比值的范围为 0.4~2.0,在构造区域,两者比值更大,构造应力将仍然非常显著。

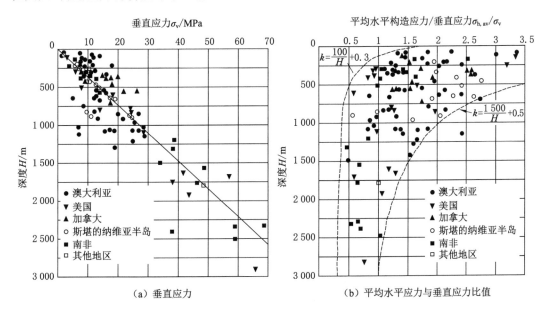

（a）垂直应力　　　　　　　　（b）平均水平应力与垂直应力比值

图 2-1　地应力随深度变化趋势[17]

（3）最大水平主应力 σ_{hmax}、最小水平主应力 σ_{hmin} 随深度增加呈线性增长关系

与垂直应力相比,在以深度为变量的线性回归方程中,水平应力回归方程中的常数项较大,这反映了地壳浅部水平应力仍较显著的事实。

（4）最大水平主应力 σ_{hmax} 和最小水平主应力 σ_{hmin} 一般相差较大。两者比值一般为 0.2~0.8,多数情况下为 0.4~0.8,见表 2-1。

表 2-1　两个水平主应力比值统计[17]

实测地点	统计数目	$\sigma_{hmax}/\sigma_{hmin}$ /%			
		1.0~0.75	0.75~0.50	0.50~0.25	0.25~0
斯堪的纳维亚半岛	51	14	67	13	6
北美	222	22	46	23	9
中国	25	12	56	24	8
中国华北地区	18	6	61	22	11

2.2 巨野矿区深部构造应力场分布规律

2.2.1 巨野矿区地质概况

巨野矿区位于山东省西南部,规划建设有新巨龙(龙固)、赵楼、郭屯、万福、郓城、彭庄及梁宝寺等共 7 对矿井。主采煤层为 3 号煤,煤层开采深度 800~1 300 m。地层从上而下依次为第四系、古近系、新近系、二叠系、石炭系、奥陶系,为全隐蔽的华北型石炭~二叠系煤田。第四系、古近系、新近系主要由黏土、砂质黏土、砂组成,厚度较大,可达 500~600 m。石炭~二叠系主要由泥岩、砂岩、煤组成,为本区的含煤地层。奥陶系主要由灰岩、白云岩、泥灰岩等组成。

巨野矿区地层由东明坳陷、济宁坳陷和垤宁伏隆起等几部分组成,在其内部又存在若干次级凹陷或凸起。矿区经历多次构造运动,形成以近东西向和近南北向的两组断层组成的交错网络,断层造成岩层或升或降,形成一系列东西向和南北向展布的地垒和地堑,相间排列成"棋盘"式构造形态[112],如图 2-2 所示。矿区内各井田分别位于由断层形成的地堑和地垒内,并明显受到断层的控制作用。

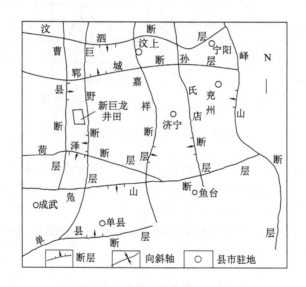

图 2-2 区域构造示意图[112]

2.2.2 地应力实测原理与技术

地应力场具有复杂性和多变性,即使是同一工程区域,各点地应力也各不相同,甚至相差很大。因而,只有通过实测的方法才能获得各点地应力的大小和方向。测量地应力就是确定未受扰动岩体的三维应力状态,可通过打孔的方法深入到足够深的岩体中去,以避免工程开挖对岩体造成的扰动,保证测量能够在原岩应力区中进行。目前,地应力测量方法有数十种之多,普遍采用的方法为水压致裂法和应力解除法[113]。

2.2.2.1 应力解除法

应力解除法的基本原理是:当需要测定岩体中某点的应力状态时,将该处的岩体与周围的岩体分离,此时岩体应力将解除,同时伴随着岩体的弹性变形恢复;应用测量仪器测定弹性恢复的变形值和应变值,即可由线性虎克定律计算出应力解除前岩体中应力的大小和方向。

新巨龙煤矿在 -709 m 水平、-850 m 水平采用应力解除法进行了 D709-1、D709-2、D810-1、D810-2 共 4 个测点的地应力测量。应力解除过程分为 4 步,如图 2-3 所示。

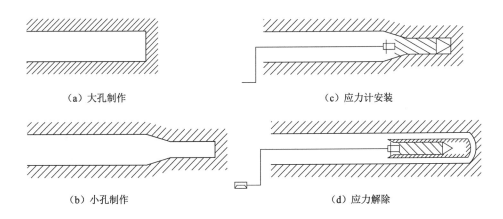

（a）大孔制作　　　　　　　　　　（c）应力计安装

（b）小孔制作　　　　　　　　　　（d）应力解除

图 2-3　应力解除法测量过程示意图

具体地应力测量过程为:

（1）施工大孔,即导孔。以仰角 20° 施工 ϕ115 mm 的导孔,导孔深度为 15 m。施工完成后,要测量和记录导孔的长度。

（2）施工小孔。为保证小孔与导孔同心,先用变径钻头施工变径孔,进尺为 0.50 m。变径孔完成后,换取芯钻头钻进施工 ϕ38 mm 小孔,进尺为 0.3 m,最大不超过 0.45 m。施工完成后,测量孔深做好记录。

（3）安装应力计。根据小孔岩芯完整情况,应力传感器安装在岩石较完整测段中,采用黏结的方法安装应力计。首先在孔中安装内径为 75 mm 的 PVC 套管作为清理杆及应力计安装杆的导管,然后将固定在安装杆端部的应力计推入小孔中。

（4）取芯（应力解除）。黏结剂固化约 24 h 后,将安装杆和塑料管抽出,将电缆穿过 ϕ110 mm 钻头和钻杆,钻进取芯,实施应力解除。应力解除过程中测定其恢复的应变。

从应力解除过程来看,每个孔的 12 个应变片工作正常。各孔应力计的应力解除曲线如图 2-4 所示。

应力解除法不仅需要岩石恢复的应变值,还需要将岩芯放入双轴弹模率定仪中进行弹模测定。依据恢复的应变及岩石的弹性常数,通过岩石的本构关系即可计算求得测点的应力状态。一点的应力状态采用六个分量表示 $(\sigma_x, \sigma_y, \sigma_z, \tau_{xy}, \tau_{yz}, \tau_{xz})$ 表示,亦可由三个主应力来表示。实测地应力一般采用三个主应力表示。新巨龙煤矿各测点应力实测值见表 2-2。

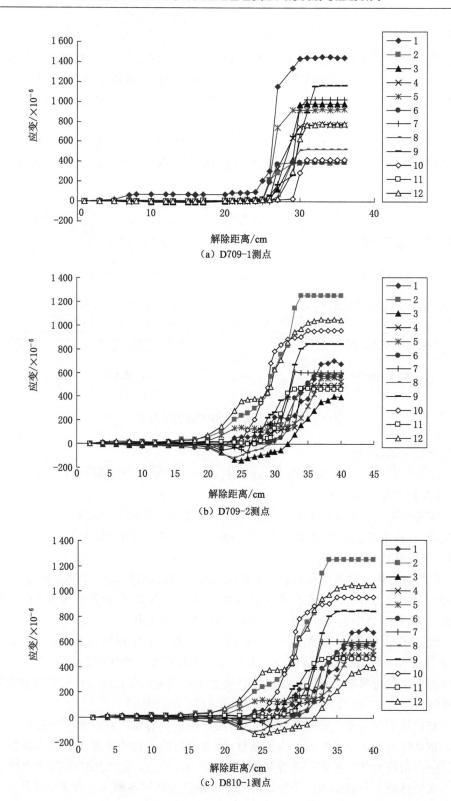

图 2-4　新巨龙煤矿测点应力解除曲线

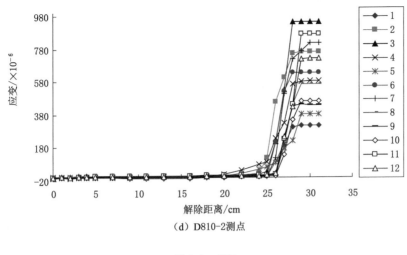

（d）D810-2测点

图 2-4   （续）

表 2-2   新巨龙煤矿地应力实测结果

测点序号	测点深度 /m	σ_{hmax} /MPa	σ_{hmin} /MPa	σ_v /MPa	σ_{hmax}/σ_v	$\sigma_{hmax}/\sigma_{hmin}$	最大水平 应力方位
1	750	36.81	28.16	22.03	1.67	1.31	S67°E
2	750	38.74	27.68	21.40	1.81	1.40	S62°E
3	850	45.69	25.83	24.73	1.85	1.77	S53°E
4	850	46.12	26.75	23.98	1.92	1.72	S55°E

由表 2-2 可知，新巨龙煤矿实测地应力特点为：① 地应力高，垂直应力在 20 MPa 以上、水平应力在 35 MPa 以上。② 构造应力显著，最大水平主应力为垂直应力的 1.67～1.92 倍。③ 地应力场受区域构造应力场控制，最大水平主应力方位角分别为 123°～137°，基本在区域构造应力方向（东西向）附近。

2.2.2.2   水压致裂法

水压致裂法以平面应变理论为基础，利用一个铅直井孔进行水压致裂应力测量，得到两个水平主应力的大小和方向。水压致裂法明显的缺陷是只能确定垂直于钻孔轴向的平面内的最大主应力和最小主应力，但在某些情况下，垂直应力并不是一个主应力的方向，其大小也不等于上覆岩层的重量。如果钻孔方向和实际主应力的方向偏差在 15°以上，那么测量结果就会存在明显的误差[113]。

水压致裂法具体测量步骤[17-18]：

（1）打钻孔至测量应力的部位，选择测试段，并将测试段采用封割器密封起来，使封割器与孔壁紧密接触，形成密封段空间。

（2）向两个封割器的密封段注液施压，直至孔壁出现开裂，得到初始开裂压力 P_i，然后继续施加水压以扩展裂隙，将裂隙扩展至 3 倍直径深度时关闭高水压系统，保持水压恒定，此时的水压记为关闭压力 P_s，最后卸压使裂隙闭合。整个过程中记录压力-时间曲线和流量-时间曲线，并通过记录的曲线确定 P_i 和 P_s。

（3）重新向密封段注射高压水，使裂隙重新打开，并记录裂隙重张压力 P_r 和随后的恒定关闭压力 P_s。卸压和加压过程重复 2～3 次，以便取得比较合理的压裂参数，提高测试数据的准确性。同样，P_r 和 P_s 由记录曲线获得。

（4）将封割器完全卸压，连同加压管等设备从钻孔中取出。

（5）采用印模器记录水压致裂裂隙方位。

假定垂直方向为一个主应力方向，并且钻孔垂直布置，则垂直钻孔平面的最大、最小水平主应力值可通过水压致裂过程中测得的相关压力参数计算得出：

$$\sigma_{hmax} = 3P_s - P_r - P_0$$
$$\sigma_{hmin} = P_s$$

式中，P_0 为裂隙水压力。孔壁的初始开裂方向为最大水平主应力方向，垂直开裂迹线的方向，即为最小水平主应力方向。

垂直主应力则可根据上覆岩石重量计算，即 $\sigma_v = rH$，γ 为岩石重量密度，kN/m^3；H 为测试段深度，m。

2.2.3　巨野矿区构造应力场分布规律

巨野矿区新巨龙、万福、郭屯等煤矿采用应力解除法或水压致裂法进行了地应力测量，其中万福煤矿测点较多，反映的地应力状况较为全面，测点数共计 43 个[114-115]。采用水压致裂法时，每个钻孔中可布置多个测点。部分测点的深度 H、最大水平主应力 σ_{hmax}、最小水平主应力 σ_{hmax}、垂直应力 σ_v 等数据见表 2-2、表 2-3、表 2-4。

表 2-3　郭屯煤矿地应力实测结果[114]

测点	测点深度/m	σ_{hmax}/MPa	σ_{hmin}/MPa	σ_v/MPa	σ_{hmax}/σ_v	$\sigma_{hmax}/\sigma_{hmin}$
1	900	35.82	21.17	23.14	1.55	1.69
2	900	36.63	19.04	23.35	1.57	1.92

表 2-4　万福煤矿地应力测量结果[115]

测点编号	测点深度/m	主应力值/MPa			应力比值		最大水平应力方位
		σ_{hmax}	σ_{hmin}	σ_v	σ_{hmax}/σ_v	$\sigma_{hmax}/\sigma_{hmin}$	
W-6-1	891	30.55	20.4	18.64	1.64	1.50	N65.3°E
W-6-2	960	38.52	24.38	20.46	1.88	1.58	
W-6-3	1011	38.55	24.91	21.81	1.77	1.55	
W-6-4	1046	37.05	24.28	22.74	1.63	1.53	N78.7°E
W-6-5	1062	41.3	26.6	23.19	1.78	1.55	
W-6-6	1104	42.49	27.67	24.3	1.75	1.54	N62.9°E
W-13-1	890	36.83	23.55	18.47	1.99	1.56	N76.8°E
W-13-2	975	36.81	24.18	20.75	1.77	1.52	
W-13-3	1025	36.43	24.5	22.05	1.65	1.49	N63.4°E
W-13-4	1056	38.42	25.55	22.87	1.68	1.50	

表 2-4(续)

测点编号	测点深度/m	主应力值/MPa			应力比值		最大水平应力方位
		σ_{hmax}	σ_{hmin}	σ_v	σ_{hmax}/σ_v	$\sigma_{hmax}/\sigma_{hmin}$	
W-13-5	1074	37.09	24.5	23.37	1.59	1.51	
W-13-6	1079	36.54	25.98	23.5	1.55	1.41	N68.5°E
W-15-1	791	28.49	21.6	15.75	1.81	1.32	N46.1°E
W-15-2	859	34.11	26	17.55	1.94	1.31	N44.7°E
W-15-3	910	32.8	26.5	18.9	1.74	1.24	
W-15-4	1012	33.58	27.6	21.86	1.54	1.22	
W-15-5	1063	40.17	29	22.95	1.75	1.39	N52.4°E
W-20-1	799	52.1	32.8	16.16	3.22	1.59	N36.0°E
W-20-2	900	56.3	34.3	18.81	2.99	1.64	
W-20-3	988	58.01	35.2	21.16	2.74	1.65	
W-20-4	1026	54.04	32.7	22.14	2.44	1.65	N39.2°E
W-20-5	1052	55.47	33.9	22.85	2.43	1.64	N43.6°E
W-24-1	874	46.75	29.1	18.08	2.59	1.61	N45.5°E
W-24-2	1011	45.88	28.7	21.7	2.11	1.60	
W-24-3	1027	48.12	29.7	22.12	2.18	1.62	N67.9°E
W-24-4	1080	36.8	24.8	23.5	1.57	1.48	N52.8°E
W-28-1	813	26.35	20.47	16.53	1.59	1.29	N98.1°E
W-28-2	843	41.85	26.89	17.32	2.42	1.56	N110.6°E
W-28-3	861	41.03	26.63	17.77	2.31	1.54	
W-28-4	879	40.19	28.05	18.25	2.20	1.43	
W-28-5	892	44.97	30.51	18.59	2.42	1.47	N92.5°E
W-29-1	891	30.37	20.34	18.57	1.64	1.49	N38.5°E
W-29-2	960	29.4	21.74	20.39	1.44	1.35	
W-29-3	1011	35.77	23.65	21.74	1.65	1.51	
W-29-4	1046	37.73	24.85	22.67	1.66	1.52	N32.6°E
W-29-5	1062	43.92	27.72	23.12	1.90	1.58	
W-29-6	1104	46.27	29.99	24.23	1.91	1.54	N39.0°E

注:测点编号 W-N_1-N_2 中 W 代表万福矿,N_1 为钻孔编号,N_2 为钻孔中的测点编号。

通过对表 2-2～表 2-4 中的地应力实测数据分析可知,巨野矿区地应力分布特征为:

(1)地应力场类型

43 个测点中绝大部分最大主应力为水平应力,最小主应力为垂直应力,仅有 2 个测点垂直应力为中间主应力。巨野矿区地应力总体上以水平应力为主,构造应力占绝对优势,属于典型的构造应力场类型。

(2)地应力量级

巨野矿区地应力较大,43 个测点中,最大水平主应力超过 30 MPa 的有 40 个,占 93%,未超过的也接近 30 MPa,其值分别为 28.49 MPa、26.35 MPa、29.4 MPa;超过 40 MPa 的有 19 个,占 44.2%;超过 50 MPa 的有 5 个。根据相关判定标准[116]:0～10 MPa 为低应力区;10～18 MPa 为中等应力区;18～30MPa 为高应力区;大于 30 MPa 为超高应力区。巨野矿区属于超高地应力矿区。

（3）主应力值随深度的变化规律

水压致裂法测量时,同一钻孔内的各测点应力与深度的关系如图 2-5 所示。最大水平主应力 σ_{hmax}、最小水平主应力 σ_{hmin} 均随深度增加呈线性增长,但增长速度却相差较大。钻孔 W-6、W-13、W-15、W-20、W-24、W-28、W-29,σ_{hmax} 增长速率分别为 0.048 1、0.002 1、0.031 9、0.010 7、0.003、0.199 3 和 0.082,σ_{hmin} 增长速率分别为 0.030 2、0.010 1、0.023 1、0.002 5、0.001 3、0.113 9 和 0.044 9,除 W-13 钻孔外,前者增长速度均大于后者,表明深度对最大水平主应力影响较大。

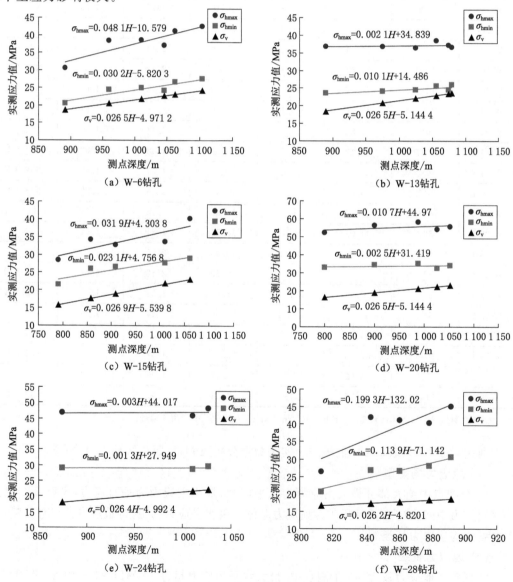

图 2-5　同一钻孔内各测点应力与深度的关系

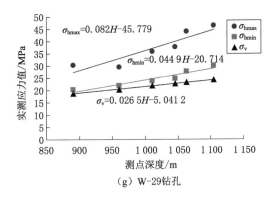

（g）W-29 钻孔

图 2-5 （续）

将所有测点数据汇总,得到各测点应力与深度之间的关系,如图 2-6 所示。最大水平主应力、最小水平主应力分布较为离散,即使是同一深度,不同位置的地应力大小变化也较大,说明位置不同,地应力受构造的影响程度也不同。但总体来看,随着深度增加,σ_{hmax}、σ_{hmin} 范围的下限和上限是增大的;从趋势回归线也可以看出,最大水平主应力、最小水平主应力均随深度呈线性增长,且前者的增长速度大于后者。

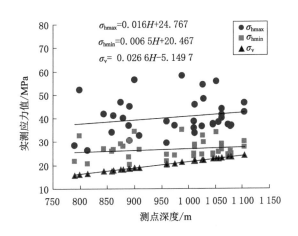

图 2-6 所有测点应力与深度的关系

（4）应力比值与深度的关系

由表 2-2、表 2-3、表 2-4 可知,最大水平主应力和垂直应力的比值为 1.54～3.22,分布较为离散,平均为 1.94。令 $K_1 = \sigma_{hmax}/\sigma_v$,$K_2 = \sigma_{hmax}/\sigma_{hmin}$,$K_3 = (\sigma_{hmax} + \sigma_{hmin})/2\sigma_v$,应力比值 K_1、K_2、K_3 与埋深的关系如图 2-7 所示。由其回归趋势线可知,随着深度增加,最大水平主应力和垂直应力的比值逐渐减小,平均水平应力与垂直应力的比值也逐渐减小,但最大水平主应力和最小水平应力比值却稳定在 1.5 左右。

2.2.4 巨野矿区构造应力场分布与地质构造关系分析

（1）区域构造运动对最大主应力方向的影响

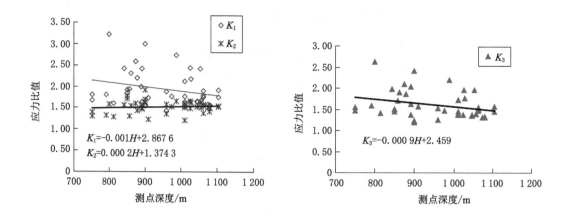

图 2-7　测点应力比值与深度的关系

　　现今构造应力场是多次构造运动叠加的结果。巨野矿区属于鲁西南断块拗陷,该区域经历了多次构造运动,影响较大的主要有鲁西印支构造运动、鲁西燕山构造运动和喜山构造运动[112,115]。历史上多次构造运动使巨野矿区形成了"棋盘式"的断层格局(图 2-2)。印支、燕山、喜山构造运动形成的应力迹线如图 2-8 所示。由图 2-8 可以看出,矿区构造应力经历了从印支期南北方向逐渐转变为燕山期北西-东南方向然后至现今喜山期的东西向挤压应力场。

　　巨野矿区最大主应力方向受到区域构造运动的影响。新巨龙煤矿 4 个测点的最大水平主应力方位角分别为 123°、128°、137°、135°,与区域构造应力方向(东西向,方位角为 90°)夹角分别为 33°、38°、47°、45°;万福矿测得地应力方向的 21 个测点中,18 个测点最大水平主应力方位角位于北东-南西向,3 个测点位于北西-南东向,方位角平均为 N60°E,与区域构造应力方向的夹角平均为 30°,基本在区域构造应力方向附近,说明地应力场受区域构造应力场控制。

(a)鲁西印支构造运动

图 2-8　构造运动应力迹线示意图[115]

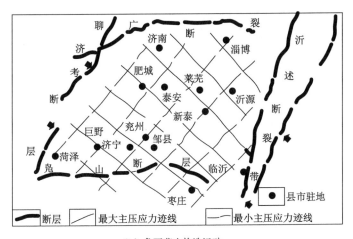

（b）鲁西燕山构造运动

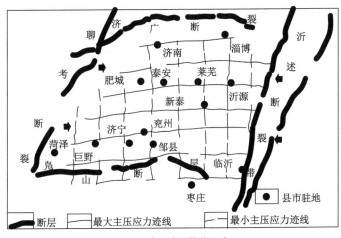

（c）鲁西喜山构造运动

图 2-8 （续）

（2）井田内断层对地应力的影响[115]

W-20、W-28 和 W-24 钻孔处于断层端部附近,构造应力较大,其中 W20 钻孔尤为显著,它的 5 个测点的最大水平应力分别为 40.80 MPa、43.70 MPa、43.10 MPa、42.70 MPa、40.90 MPa,而位于断层两旁的 W-6、W-13 和 W-29 钻孔应力值相对较小,其最大水平应力在 30 MPa 左右。

2.3 断层附近构造应力场分布规律

断层对地应力场的影响较为复杂。断层的规模、形态、与断层的距离、区域应力环境、岩体的物理力学性质等均对断层附近的地应力分布具有不同程度影响[32-37]。从大区域来看,巨野矿区形成了"棋盘式"的断裂构造,从小区域来看,各井田、各采区均分布有大大小小的断层,对其附近的地应力场影响也较大。

新巨龙煤矿开拓巷道,北区胶带运输大巷、北区回风大巷、1 号辅助运输大巷、2 号辅助运输大巷等 4 条巷道,围岩稳定性受断层 FL10、FL11、FL42、FL43 等影响较大。断层参数见表 2-5,巷道与断层位置关系如图 2-9 所示。为了研究地应力对巷道稳定性的影响,对断层附近的地应力进行了实测,并采用有限元法进行了反演分析。

表 2-5　断层参数

断层名称	性质	走向	倾向	倾角/(°)	长度/km	断层落差/m
FL10	正	近 SN	E	70.0	2.0	0~15
FL11	正	近 SN	W	70.0	3.0	0~10
FL42	正	NNE	SEE	70.0	0.7	0~16

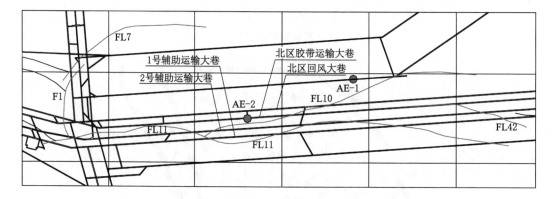

图 2-9　巷道与断层位置关系

2.3.1　声发射法地应力实测

岩石受外荷载作用时,当荷载达到一定值后,其内部应力达到或超过历史最高水平后,即会产生大量声发射。开始产生大量声发射时的转折点即为凯泽点,该点所对应的应力(K 值)即为岩石历史上所受到的最大应力,岩石所具有的这种效应也称为凯泽效应[17]。通过凯泽效应即可求得地应力,此种测量方法即为声发射法。

受现场施工等方面的限制,仅进行了 4 个点的声发射地应力测量,其中 2 个点在断层附近,如图 2-9 中 AE-1、AE2 测点位置。声发射法地应力实测包括钻取岩芯、切样(按一定方向切取试件)、声发射测试及地应力计算等 4 个步骤。钻取岩芯时,钻孔深度应超出采掘影响的围岩深度,一般应达到 4~5 倍的巷道宽度,且取芯位置处的岩石应较坚硬。切样时则应明确岩芯在地下岩层中的原始方位,以便确定切取试件的方向。一般而言,垂直应力为地应力的其中一主应力,其值基本等于覆岩自重,依据平面应力状态相关公式,只需进行 3 个方向的定向岩样测试,即可求得其他两个水平主应力。用于声发射测试的岩样如图 2-10 所示,声发射测试系统如图 2-11 所示。

测点 AE-1、AE-2 的声发射测试计数曲线及切取岩样方向所对应的 K 值如图 2-12、图 2-13 所示。通过公式进行换算即可得到两个水平主应力大小及方向,换算公式为:

$$\tan 2\varphi = \frac{\sigma_1^1 + \sigma_3^1 - 2\sigma_2^1}{\sigma_1^1 - \sigma_3^1} \tag{2-2}$$

（a）加工前

（b）加工后

图 2-10　声发射测试岩样

（a）电液伺服岩石试验系统

（b）声发射检测仪

图 2-11　声发射测试系统

$$\sigma_1 = \frac{\sigma_1^1 + \sigma_3^1}{2} + \frac{\sqrt{2}}{2}\sqrt{(\sigma_1^1 - \sigma_2^1)^2 + (\sigma_2^1 - \sigma_3^1)^2} \tag{2-3}$$

$$\sigma_3 = \frac{\sigma_1^1 + \sigma_3^1}{2} + \frac{\sqrt{2}}{2}\sqrt{(\sigma_1^1 - \sigma_2^1)^2 + (\sigma_2^1 - \sigma_3^1)^2} \tag{2-4}$$

式中，σ_1^1、σ_2^1、σ_3^1分别是平行、垂直和 45°方向的正应力；σ_1 为平面最大主应力；σ_3 为平面最小主应力，应力以压为正；φ 角为 σ_1 与 σ_1^1 的夹角，以主应力 σ_1 逆时针转到 σ_1^1 方向为正。

将 σ_1^1、σ_2^1、σ_3^1 值代入式（2-2）～式（2-4）可得最大、最小水平主应力，见表 2-6。

表 2-6　AE 法地应力实测值

测点	深度/m	σ_{hmax}/MPa	σ_{hmin}/MPa	σ_v/MPa	σ_{hmax}/σ_v	σ_{hmax}/(°)
AE-1	830	25.1	15.6	18.9	1.33	154
AE-2	825	31.7	14.9	18.8	1.69	125

2.3.2　地应力反演模型的建立

由于工程地质条件错综复杂，而且受到经费、现场条件等方面的限制，很难通过实测的

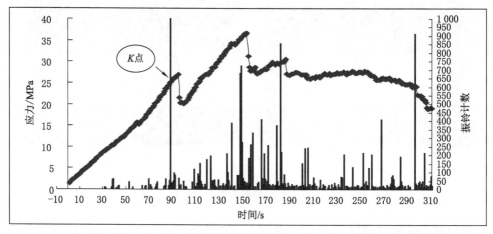

（a）σ_1^1=24.6

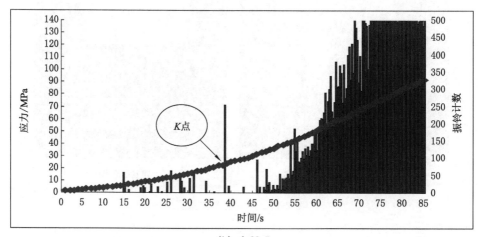

（b）σ_2^1=22.5

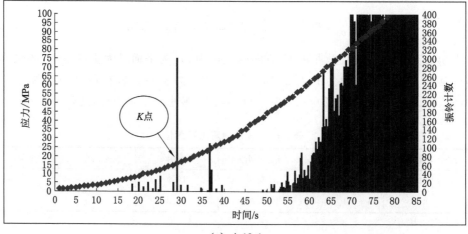

（c）σ_3^1=16.1

图 2-12　测点 AE-1 应力及振铃计数曲线

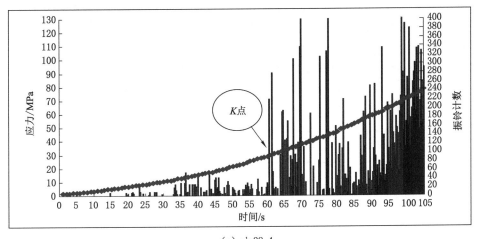

（a）$\sigma_1^1=28.4$

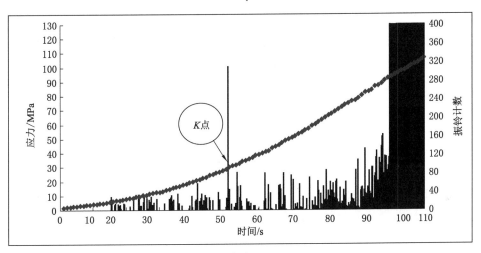

（b）$\sigma_2^1=30.0$

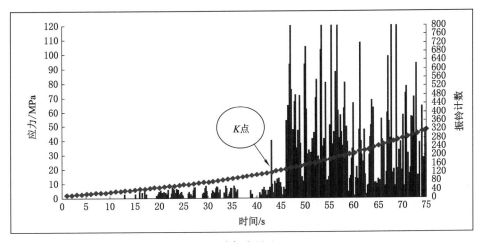

（c）$\sigma_3^1=18.1$

图 2-13 测点 AE-2 应力及振铃计数曲线

方法获得整个地应力场的分布。地应力反演是一种有效获得区域应力分布的手段,其实质是以少数地应力实测值为依据,结合工程区域的地形地质条件,通过一定方法拟合出与实测值残差平方和最小的地应力场[117-121]。

选取新巨龙煤矿开拓巷道附近的断层区域(图 2-9)进行地应力反演,以获得断层附近构造应力分布特征。模型区域范围:以 3 煤—750 m 等高线为基准切出水平切面,其范围为 3 煤以下 50 m 至 3 煤以上 150 m 范围内岩层,如图 2-14 所示。

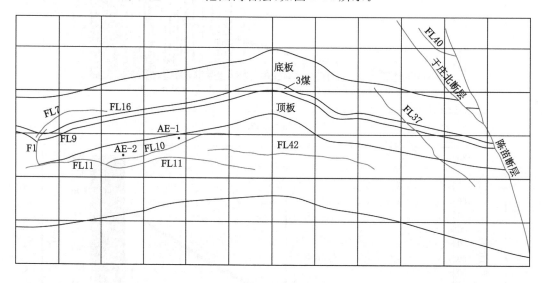

图 2-14   —750 m 水平地质切面图

应用 ADINA 有限元软件建立计算模型,模型尺寸为 6 000 m×2 850 m,选用三角形单元进行网格划分,共划分 7 个单元组,13 697 个三角形单元,网格划分如图 2-15 所示。底边界、左边界固定其法向位移,上边界和右边界施加法向应力,反演方法为边界荷载调整法。数值计算采用 Drucker-Prager-Cap 本构模型,此模型能较好地反映岩体的塑性体应变、剪

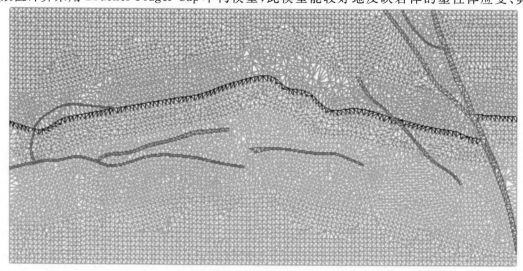

图 2-15   模型网格划分

胀性,并能反映其拉断特点。

模型中工程地质岩组按照岩性相近的划分为一组,依据新巨龙煤矿生产地质条件划分了直接顶(第1组)、基本顶(第2组)、3煤底板(第3组)、3煤(第4组)、断层带(第5组)5个工程地质岩组,其各组的力学参数见表2-7,表中 α、k 为屈服函数参数,W、D 为硬化参数。

表 2-7　工程地质岩组力学参数

岩组	岩组名称	弹模/GPa	泊松比	α	k	W	D	抗拉强度/MPa
1	粉细砂岩组	1.84	0.26	0.107	2.20	10 000	0.01	0.42
2	粗中砂岩组	7.94	0.24	0.149	4.251	10 000	0.01	1.22
3	灰岩砂岩组	6.88	0.25	0.136	3.839	10 000	0.01	1.10
4	3号煤层	0.5	0.40	0.032	0.155	10 000	0.01	0.02
5	断层带	0.6	0.40	0.022	0.112	10 000	0.01	0.02

2.3.3　地应力反演结果分析

通过反演得到 -750 m 水平切面地应力场分布图,如图 2-16~图 2-20 所示。

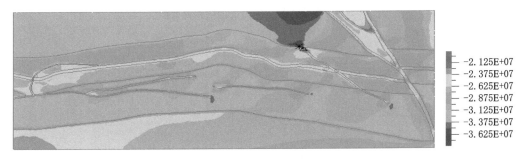

图 2-16　最大水平主应力云图

(1) 由图 2-16、图 2-17 可以看出,最大水平主应力受断层影响较大。① 断层附近的坚硬岩层出现了应力集中,断层端部应力集中尤为明显。对开拓巷道有影响的 FL10、FL11、FL42 断层的端部最大水平主应力最大值达 41 MPa,而远离断层时(可认为不受断层影响)应力值为 28 MPa,应力集中系数为 1.25,垂直应力取 19 MPa(表 2-6),则侧压系数为 2.16,构造应力显著。② 断层内及断层附近破碎软弱岩层的最大水平主应力较小,为 20 MPa,基本与垂直应力相当。③ 随工程地质岩组中岩体坚硬程度不同,最大水平主应力量值差异明显:岩性越弱,应力值越小,反之,应力值越大。煤层中应力值较小,在 23 MPa 左右,而坚硬岩层中则达到 30MPa 以上。

(2) 最大水平主应力矢量分布情况如图 2-18 所示,图中左右方向为南北方向,上下方向为东西方向。由图 2-18 可以看出,距离断层较远的区域,最大主应力方向为近东西向,而断层附近最大主应力方向发生了不同程度的偏转,FL10、FL11、FL42 断层附近应力方向偏转角度可达 $30°~60°$,个别地方偏转达 $90°$,断层聚集或断层交汇处,应力方向分布显得较杂乱。

(3) 由最小水平主应力分布情况图 2-19 可以看出,在顶板坚硬岩层组中,FL10、FL11、

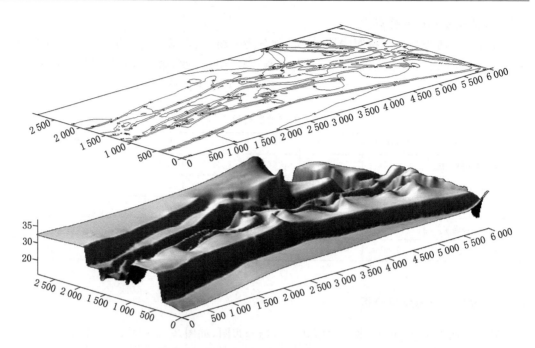

图 2-17 最大水平主应力等值线和曲面图

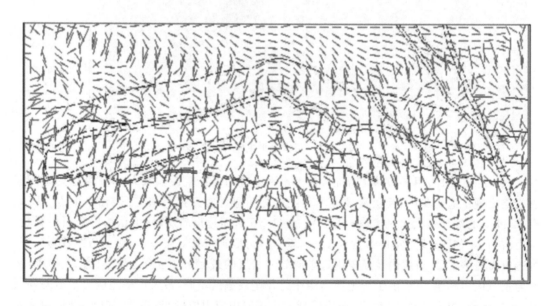

图 2-18 最大水平主应力矢量图

FL42 断层附近及端部出现了应力集中,应力值为 19 MPa 左右,远离断层时,最小水平主应力在 16 MPa 左右,集中系数为 1.19;断层 FL37 与煤层顶板交界处则达到了 24 MPa,而远离断层时该岩层内的应力值为 14 MPa 左右,集中系数达 1.71。

　　(4) 由最大剪应力分布情况图 2-20 可以看出,在断层、煤层等软弱岩层内剪应力较小,而在断层端部出现了一定程度的应力集中,如 FL10、FL11、FL42 断层端部最大剪应力达到 11 MPa 左右,而未受断层影响时约为 9 MPa,集中系数为 1.22。

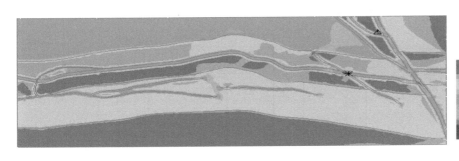

图 2-19　最小水平主应力云图

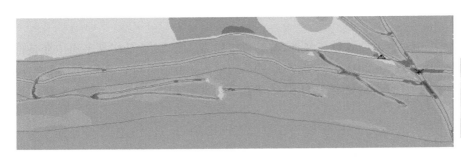

图 2-20　最大剪应力云图

综上所述,地应力场分布不仅与岩性强弱有关,还受到断层的强烈影响。受断层影响,其附近地应力出现应力集中,尤其在断层端部,最大水平应力急剧增大,侧压系数达 2 以上,应力方向变化剧烈,最大主应力方向偏离区域主应力方向达 $30°\sim60°$,个别地方偏转达 $90°$,但随着远离断层,地应力场与区域构造应力场逐渐趋于一致。

2.4　构造应力场中巷道布置与其稳定性关系

断层附近地应力分布与巷道稳定性密切相关。现场观测表明,图 2-9 中断层附近的巷道的变形破坏具有较强的区域性和方向性:在断层附近围岩变形量大、支护结构破坏较严重,而在远离断层的区域,巷道变形量则较小,这与地应力反演结果,断层附近地应力较集中相一致;而即使在同一构造地带,相距仅十几米甚至几米,不同走向的巷道,其变形破坏的程度也不同,表现出极强的方向性。为此,采用数值计算方法研究了构造应力场中巷道布置方位与其稳定性的关系。

2.4.1　数值模型应力边界条件

巷道问题简化为平面应变问题时,即要求巷道的走向必须是一个主应力的方向,这类力学模型难以适应构造应力场中不同走向巷道的围岩力学分析。广义平面应变问题的提出为该问题的解决提供了途径。巷道的纵向长度比横截面尺寸大得多,一般均可视为广义平面应变问题。Brady 等[122]提出的广义平面应变问题的计算模型,是在平面应变问题基础上,叠加一个面外剪切及一个单轴压缩应力状态,如图 2-21 所示。

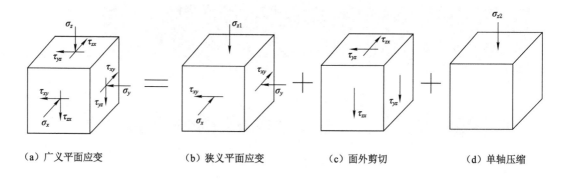

（a）广义平面应变　　　（b）狭义平面应变　　　（c）面外剪切　　　（d）单轴压缩

图 2-21　广义平面应变的分解[122]

地应力场中,巷道布置方向具有任意性,需要进行应力转换,以满足广义平面应变条件。设三个主应力分别为 σ_1、σ_2、σ_3,对应的坐标系为 $x'y'z'$,垂直巷道轴向的坐标系 xyz,其中 y 轴和 y' 轴为竖直平行轴,计算模型如图 2-22 所示,巷道的广义平面应变模型[123]如图 2-23 所示。

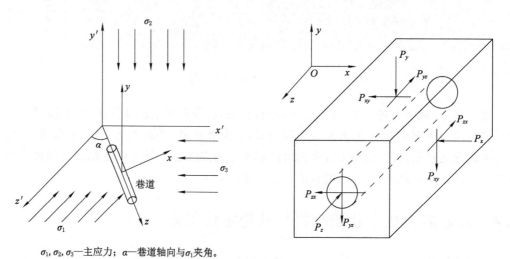

$\sigma_1,\sigma_2,\sigma_3$—主应力;$\alpha$—巷道轴向与 σ_1 夹角。

图 2-22　任意方向巷道计算模型　　　　　图 2-23　广义平面应变计算模型[124]

经过坐标转换后,xyz 坐标系与 $x'y'z'$ 坐标系中应力对应关系为[124]:

$$\begin{bmatrix} p_x & p_{xy} & p_{xz} \\ p_{yx} & p_y & p_{yz} \\ p_{zx} & p_{zy} & p_z \end{bmatrix} = \begin{bmatrix} \cos^2\alpha \cdot \sigma_3 + \sin^2\alpha \cdot \sigma_1 & 0 & -0.5\sin 2\alpha \cdot (\sigma_1 - \sigma_3) \\ 0 & \sigma_2 & 0 \\ -0.5\sin 2\alpha \cdot (\sigma_1 - \sigma_3) & 0 & \cos^2\alpha \cdot \sigma_1 + \sin^2\alpha \cdot \sigma_3 \end{bmatrix} \quad (2\text{-}5)$$

2.4.2　数值模型的建立

采用 FLAC^{3D} 数值软件建立三维模型,模型采用 Mohr-coulomb 本构模型,模型岩层力学参数见表 2-8。模型网格尺寸为 $0.5\text{ m} \times 0.5\text{ m}$,巷道断面尺寸为 $4\text{ m} \times 3\text{ m}$。按埋深为 800 m、侧压系数为 2.0 计算,并参考地应力实测结果(表 2-2),最大水平主应力与最小水平主应力的比值取 0.65,则岩层的主应力 $\sigma_1 = 40$ MPa,$\sigma_2 = 20$ MPa,$\sigma_3 = 26$ MPa。巷道走向与最大水平主应力夹角取 0°、15°、30°、45°、60°、75°、90° 进行模拟,模型各面上施加的边界应力(图 2-3)按照式(2-5)进行计算,见表 2-9。

表 2-8　模型中岩层力学参数

密度/(kg/m³)	体积模量/GPa	剪切模量/GPa	黏结力/MPa	内摩擦角/(°)	抗拉强度/MPa
2 500	2.0	1.0	1.0	30	1.0

表 2-9　巷道走向与构造应力不同夹角下模型边界应力

边界应力	巷道走向与构造应力夹角						
	0°	15°	30°	45°	60°	75°	90°
p_x/MPa	26.0	26.9	29.5	33.0	36.5	39.1	40.0
p_y/MPa	20.0	20.0	20.0	20.0	20.0	20.0	20.0
p_z/MPa	40.0	29.1	36.5	33.0	26.9	26.9	26.0
p_{xz}/MPa	0.0	−3.5	−6.1	7.0	−3.5	−3.5	0.0

2.4.3　巷道稳定性分析

(1)围岩塑性区分析

当巷道走向与最大水平主应力夹角为 0°、15°、30°、45°、60°、75°、90° 时,围岩塑性区分布如图 2-24 所示。

由图 2-24 可以看出,巷道走向与最大水平主应力夹角的变化对两帮塑性区影响较小,而对顶底板塑性区影响较大。夹角为 0°～30° 时,顶板塑性区变化较小;但当两者夹角超过 30° 以后,随着夹角的增大,顶底板塑性区显著增大。

(2)巷道变形分析

巷道走向与构造应力夹角对巷道变形的影响如图 2-25 所示。

由图 2-25 可知,随着巷道走向与最大水平主应力夹角增大,围岩变形量逐渐增大。角度较小时,如从 0° 增加至 30° 时,围岩变形量增长较为缓慢;夹角超过 30° 以后,围岩变形增长速度较快。

由以上分析可知,当巷道走向与最大水平主应力夹角小于 30° 时,构造应力对巷道的破坏作用较小,超过 30° 以后,构造应力对巷道的破坏作用较大,当巷道走向与最大水平主应力夹角为 90° 时,巷道稳定性最差。

2.4.4　实践验证

为了研究巷道走向与构造应力夹角对巷道围岩稳定性的影响,对 FL11 断层附近的北区胶带运输大巷(简称"北胶大巷")、2 号辅助运输大巷(简称"辅二大巷")、北胶大巷与辅二大巷之间的 4 号联络巷等 3 条巷道进行了矿压观测。3 条巷道与 FL11 断层的位置关系如图 2-26 所示。由地应力反演结果(图 2-18),最大水平应力的方向如图 2-26 中箭头所示,图中加粗凸显段为巷道矿压观测位置。由图 2-26 可知,南北胶巷道段、辅二大巷走向与最大水平应力夹角较大,为 45°～60°,4 号联络巷与最大水平应力几乎平行,与构造应力夹角接近 0°。

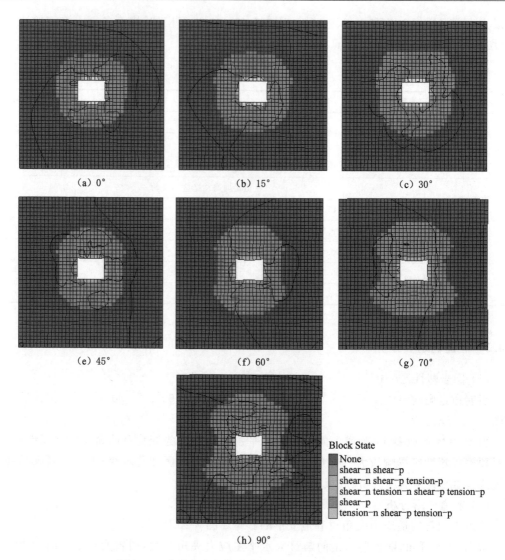

图 2-24 巷道走向与构造应力不同夹角时围岩塑性区

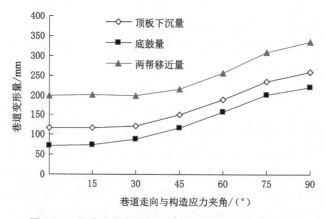

图 2-25 巷道走向与构造应力夹角对巷道变形的影响

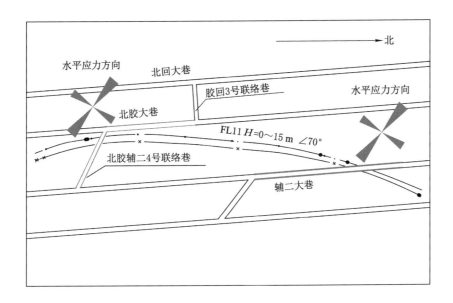

图 2-26　巷道与断层位置关系

（1）北胶大巷矿压显现

北胶大巷走向与最大水平主应力夹角较大，巷道矿压显现较剧烈。掘进过程中，板炮不断，而且掘进后短时间内，肩角锚杆出现大量破断。巷道变形破坏严重，两帮煤体沿顶板出现较大滑移，两帮相对移近量超过 400 mm，顶角锚杆托盘被煤帮覆盖，两帮网兜现象严重。

（2）辅二大巷矿压显现

辅二大巷走向与最大水平主应力夹角较大，矿压显现亦较为剧烈。顶板下沉量大且相对破碎，底鼓也较严重，导致不得不进行挑顶卧底处理。两帮相对移近量达 500～600 mm，出现了网兜和钢带鼓出现象，托盘明显受压，中部有凹进现象。

（3）4 号联络巷矿压显现

4 号联络巷走向与最大水平主应力近于平行，矿压显现较小。巷道变形量较小，支护结构完好，巷道维护效果较好。

综上所述，数值计算、工程实践均表明，巷道走向与最大水平主应力夹角对围岩稳定性影响较大：夹角越大，巷道稳定性越差。因此，在巷道布置设计时，巷道走向应尽可能与最大水平主应力保持较小角度，以利于巷道稳定。

2.5　本章小结

（1）大量地应力实测结果表明，构造应力场以水平应力为主，且随深度增大水平应力逐渐增大，但平均水平应力与垂直应力的比值呈减小趋势，但在煤矿开采深度内，两者比值仍较大，在构造复杂区域，两者比值更大，构造应力仍然非常显著；在大的区域构造应力场中，构造应力具有明显的方向性，且通常两个方向的水平应力值是不相等的；构造应力分布很不均匀，构造附近主应力的大小、方向变化较剧烈；构造应力在坚硬岩层中比较普遍，主要原因是坚硬岩层强度大，可积聚大量弹性能。

（2）巨野矿区煤层开采深度为 800～1 300 m，通过地应力实测数据分析，得到了巨野矿区深部地应力场分布规律：① 地应力场以水平应力为主，其最大水平应力一般在 30～40 MPa，局部达到 50 MPa 以上，最大水平应力与垂直应力的比值范围为 1.5～3.2，构造应力显著。② 最大水平主应力、最小水平主应力随深度增加而增大，且前者增长速度大于后者；最大水平主应力、平均水平应力与垂直应力的比值随深度增加而逐渐减小。③ 最大水平应力方位角平均为 N60°E，与区域构造应力方向（东西向）的夹角平均为 30°，矿区地应力场受区域构造应力控制。

（3）结合断层附近地应力实测数据，采用 ADINA 有限元软件建立地应力反演计算模型，分析得到了对新巨龙煤矿开拓巷道有较大影响的断层附近地应力场分布规律：断层附近地应力出现集中，尤其在断层端部，最大水平应力出现较大增长，侧压系数达到 2 以上；断层端部应力方向变化剧烈，最大主应力方向偏离区域主应力方向达 30°～60°，个别地方偏转达 90°，但随着远离断层，地应力场与区域构造应力场逐渐趋于一致。

（4）基于广义平面应变计算模型，建立了三维数值模型，研究了构造应力场中巷道布置及其稳定性的关系：巷道走向与最大水平主应力夹角为 0°～30°时，巷道稳定性变化不大；当两者夹角超过 30°以后，巷道稳定性迅速变差。通过新巨龙煤矿断层附近巷道的变形破坏现场观测，证实了这个结论的正确性：与最大水平主应力夹角较大的巷道，煤帮沿顶板发生较大滑移，顶底板变形破坏严重，而与最大水平主应力夹角较大的巷道，巷道变形量较小，围岩完整性较好。在巷道布置设计时，巷道走向应与最大水平主应力夹角较小，以利于巷道稳定。

3 深部构造应力作用下层理面对厚煤层巷道稳定性的影响分析

　　构造应力场的特点是水平应力显著。厚煤层巷道围岩的特点是煤层软弱而且煤岩层力学性质差异较大、分层性明显,厚煤层巷道一般沿煤层顶板或底板掘进,煤层与顶板或底板的层理面与巷道相连。在高水平应力作用下,软弱煤层及煤岩层之间的层理面对厚煤层巷道稳定性影响显著,煤帮或顶煤易于沿顶、底板层理面发生剪切滑移,并导致软弱煤体围岩变形破坏程度加大,严重影响了厚煤层巷道围岩的稳定性。为此,本章采用数值模拟方法,建立了全煤巷道、沿煤层顶板掘进巷道、煤顶巷道、煤底巷道等 4 类厚煤层巷道数值计算模型,分析了深部构造应力作用下厚煤层巷道围岩塑性区、围岩位移及围岩应力的分布特征,揭示了煤岩层之间的层理面对厚煤层巷道围岩稳定性的影响规律。

3.1 层理面对厚煤层巷道稳定性影响的数值模型

　　厚煤层巷道可分为全煤巷道、沿煤层顶板掘进巷道、煤顶巷道、煤底巷道,如图 3-1 所示。厚煤层巷道围岩结构及力学性质千差万别,如软顶巷道、复合顶板巷道、软底巷道、三软巷道等,数值计算时,考虑因素太多,很难分清某一单一因素的作用程度。因此,为突出层理面对围岩变形破坏的影响,忽略巷道围岩结构及力学性质差异,采用单一的围岩力学参数。

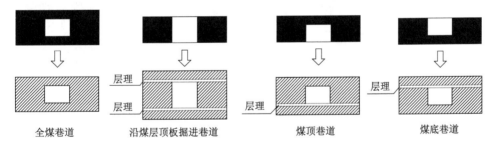

图 3-1　厚煤层巷道数值计算模型

　　建立数值计算模型时,全煤巷道可看作均质围岩巷道,沿煤层顶板掘进巷道围岩含有煤层与顶底板之间的两个层理面,煤顶巷道围岩含有煤层与底板之间的一个层理面,煤底巷道含有煤层与顶板之间的一个层理面,如图 3-1 所示。
　　围岩材料选用 Mohr-coulomb 本构模型,其力学参数见表 3-1,层理面力学参数见表 3-2。需要指出的是,对于沿煤层顶板掘进巷道,由于上、下两个层理面的力学性质不同,往往表现为其中一个层理面对围岩的变形破坏影响较大,而另一个相对来说影响较小,此时即可将其看作煤顶巷道或者煤底巷道。因此,主要讨论图 3-1 中的 4 种情况。
　　数值计算模型上边界施加上覆岩层自重荷载 20 MPa,相当于 800 m 埋深的压力,为突出构造应力,侧压系数取 2,模型两侧施加水平应力 40 MPa。模型的左、右边界限定 x 方向位移，下边界 x、y 方向位移均限定。巷道开挖断面为矩形，宽×高为 5 m×3.5 m。

表 3-1　围岩力学参数

密度/(kg/m³)	体积模量/GPa	剪切模量/GPa	黏结力/MPa	内摩擦角/(°)	抗拉强度/MPa
2 500	2.0	1.0	2.0	30.0	2.0

表 3-2　层理面力学参数

黏结力/MPa	内摩擦角/(°)	法向刚度/GPa	剪切刚度/GPa
0.1	10.0	0.5	0.015

3.2　层理面位置对厚煤层巷道围岩变形破坏的影响分析

3.2.1　围岩塑性区分布分析

深部构造应力作用下，当煤层与顶板或底板之间的层理面与巷道相连时，厚煤层巷道的围岩塑性区分布如图 3-2 所示。

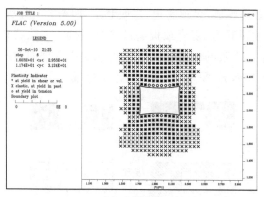

（a）全煤巷道

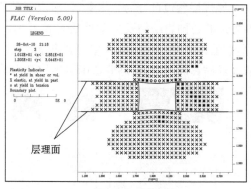

（b）沿煤层顶板掘进巷道

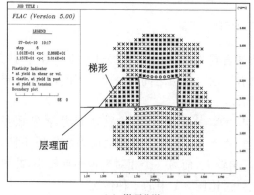

（c）煤顶巷道

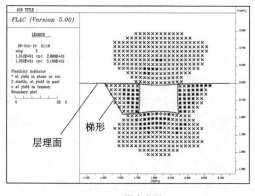

（d）煤底巷道

图 3-2　厚煤层巷道围岩塑性区分布

由图 3-2 可以看出,深部构造应力作用下层理面对围岩塑性区分布的影响规律为:

(1) 无层理面或巷道的顶、底部各存在一个层理面时,即全煤巷道和沿煤层顶板掘进巷道,两帮塑性区基本呈矩形形态;而在巷道的底部或顶部仅存在一个层理面时,即煤顶巷道或者煤底巷道,前者塑性形态为"上窄下宽"的直角梯形,后者为"上宽下窄"的直角梯形,表现为层理面附近巷帮塑性区深度较大,随着远离层理面,塑性区深度逐渐减小。从两帮塑性区大小来看,沿煤层顶板掘进巷道>煤顶巷道=煤底巷道>全煤巷道,即与巷道连通的层理面个数越多,巷道变形破坏越严重。

(2) 不同类型煤层巷道顶、底板的塑性区深度基本相同,但塑性区形态相差较大。受到层理面影响时,顶、底板塑性区以一定角度向顶板或底板延伸,在肩角或底角存在弹性稳定区;而不受层理面影响时,肩角和底角发生塑性破坏。

由以上分析可知,深部构造应力作用下,层理面对围岩塑性区分布具有较大影响:两帮塑性区沿层理面向深部发展,而随着远离层理面,塑性区深度逐渐减小;层理面附近软弱煤体塑性区较大,而相对坚硬的顶底板却未出现破坏,导致层理面附近的顶角、底角存在弹性稳定区域。

3.2.2 围岩位移分析

深部构造应力作用下,层理面位置不同时,厚煤层巷道位移矢量分布如图 3-3 所示,垂

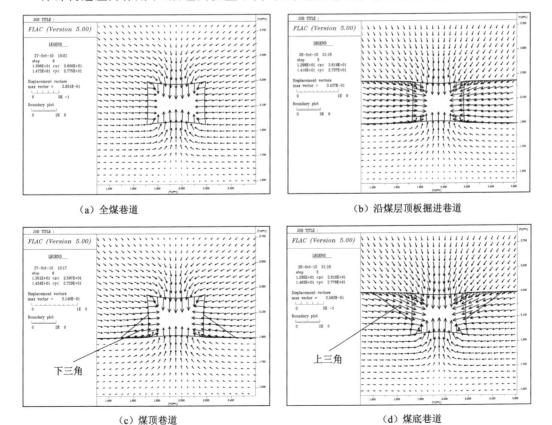

(a) 全煤巷道　　　　　　　　　　　　　　　(b) 沿煤层顶板掘进巷道

(c) 煤顶巷道　　　　　　　　　　　　　　　(d) 煤底巷道

图 3-3　厚煤层巷道围岩位移矢量图

直位移和水平位移分布如图 3-4 所示。由图 3-3、图 3-4 可知,深部构造应力作用下层理面对围岩位移的影响规律为:

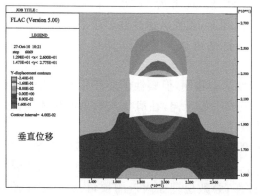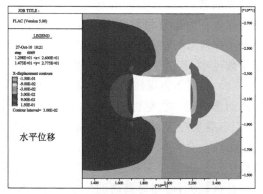

（a）全煤巷道

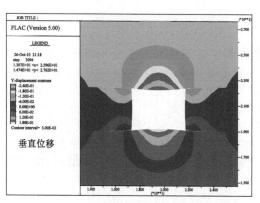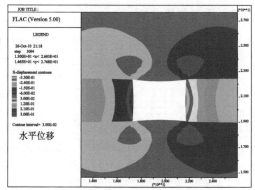

（b）沿煤层顶板掘进巷道

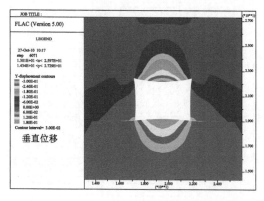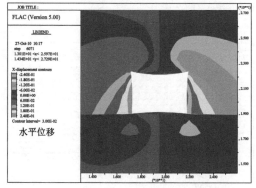

（c）煤顶巷道

图 3-4　厚煤层巷道围岩位移云图

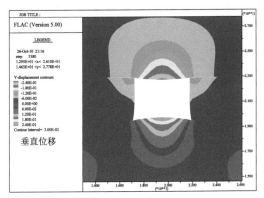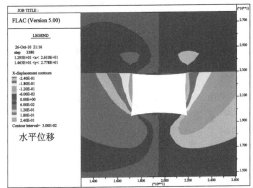

(d) 煤底巷道

图 3-4 （续）

（1）层理面对顶、底板的垂直位移分布形态影响较小，而对两帮水平位移分布影响较大。不存在层理面时或巷道顶、底部均存在层理面时，即全煤巷道和沿煤层顶板掘进巷道，巷帮中部水平位移大，两侧水平位移小，呈"拱形"分布；而巷道顶、底部仅存在一个层理弱面时，即煤顶巷道或煤底巷道，层理面附近"三角形"区域内位移较大，煤顶巷道为巷帮的"下三角"，煤底巷道为巷帮的"上三角"。

（2）层理面附近，巷帮与其上、下方顶底板的垂直位移相差较小，但水平位移却相差较大，表明巷帮沿层理面发生了滑移。

深部构造应力作用下，层理面对厚煤层巷道表面位移的影响如图 3-5 所示。由图可知，深部构造应力作用下层理面对巷道位移的影响规律：

（1）不存在层理面时或巷道的顶、底部各存在一个层理面时，即全煤巷道和沿煤层顶板掘进巷道，巷帮中部移近量大、上下部移近量小，全煤巷道巷帮中部与顶底角的移近量分别为 338 mm 和 175 mm，两者相差较大，后者为前者的 51.8%，而沿煤层顶板掘进巷道巷帮中部与顶底角的移近量分别为 660 mm 和 535 mm，两者相差较小，后者为前者的 81.1%，表现出整体滑移的特征。巷道顶部或底部只有一个层理面时，随着远离层理面，巷帮水平位移减小，如煤顶巷道的巷帮呈现出"下部移近量大、上部移近量小"的特征，其底角和顶角的移近量分别为 430 mm 和 207 mm，后者为前者的 48.1%，煤底巷道的巷帮则呈现出"上部移近量大、下部移近量小"的特征，其顶角和底角的移近量分别为 440 mm 和 203 mm，后者为前者的 46.1%。

（2）全煤巷道、沿煤层顶板掘进巷道、煤顶巷道及煤底巷道的巷帮最大移近量分别为 342 mm、674 mm、499 mm、487 mm，沿煤层顶板掘进巷道最大，煤顶巷道和煤底巷道次之，全煤巷道最小，表明巷帮顶、底部各有一条层理时，巷帮最容易发生滑移，顶底部只存在一条层理时，煤帮沿层理面的滑移则受到一定的约束，而没有层理时，则不发生滑移。

（3）全煤巷道、沿煤层顶板掘进巷道、煤顶巷道及煤底巷道的顶板最大下沉量分别为 265 mm、268 mm、315 mm、249 mm，最大底鼓量分别为 228 mm、200 mm、200 mm、246 mm，顶板下沉量和底鼓量相差不大，表明层理对顶底板垂直位移影响较小。

综上所述，层理面对顶底板的垂直位移影响较小，而对两帮的水平位移影响较大：两帮易于沿层理面发生滑移,当煤帮的顶底部只有一个层理面时,随远离层理面,煤帮水平位移减小,但煤帮的顶部、底部各有一个层理面时,煤帮则出现整体滑移现象。

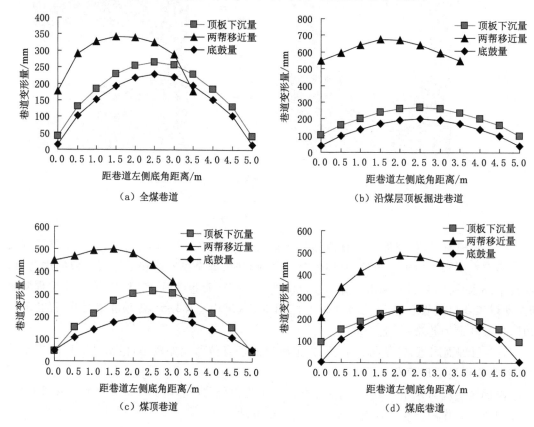

（a）全煤巷道 （b）沿煤层顶板掘进巷道

（c）煤顶巷道 （d）煤底巷道

图 3-5 厚煤层巷道变形特征

3.2.3 两帮滑移变形分析

由 3.2.2 节可知,深部构造应力作用下,两帮易于沿层理面发生滑移。因此,两帮移近量即主要由煤体的弹塑性变形量、两帮沿层理面的滑移量两部分组成。

侧压系数 $\lambda=1.3$、1.6、1.9、2.0 时,围岩塑性区分布如图 3-6～图 3-8 所示,由图可知侧压系数对厚煤层巷道围岩塑性区分布的影响规律:随着侧压系数的增大,顶底板塑性区在宽度、高度方向上均逐渐加大,肩角或底角的弹性稳定区逐渐减小,而两帮塑性区基本保持不变,表明构造应力对顶底板的破坏作用较大,对两帮破坏作用较小,且随着构造应力的增大,两帮的弹塑性变形量基本不变。

侧压系数 $\lambda=1.3$、1.6、1.9、2.0 时,随着与底板距离的变化,巷帮移近量变化曲线如图 3-9 所示,由图可知侧压系数对厚煤层巷道巷帮移近量的影响规律:不同侧压时,巷帮移近量变化曲线的趋势基本相同,但随着侧压系数的增大,巷帮移近量增长较快,侧压由 1.3 增加至 2.2 时,沿煤层顶板掘进巷道、煤顶巷道、煤底巷道的两帮移近量的最大值分别增加了 165 mm、200 mm、184 mm,增幅分别为 29.7%、57.5%、66.3%,沿煤层顶板掘进巷道增长幅度较小,煤顶巷道和煤底巷道增加幅度较大。

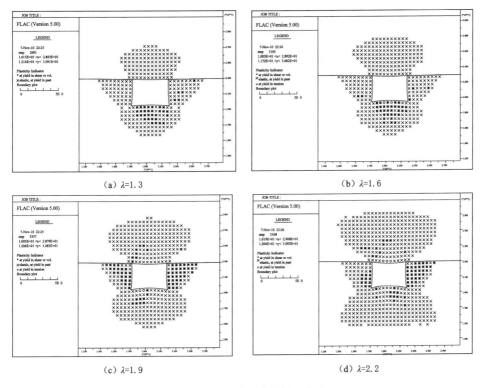

（a）λ=1.3   （b）λ=1.6

（c）λ=1.9   （d）λ=2.2

图 3-6   煤底巷道围岩塑性区分布

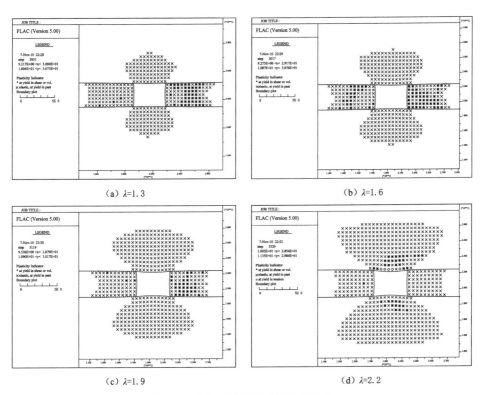

（a）λ=1.3   （b）λ=1.6

（c）λ=1.9   （d）λ=2.2

图 3-7   沿煤层巷道围岩塑性区分布

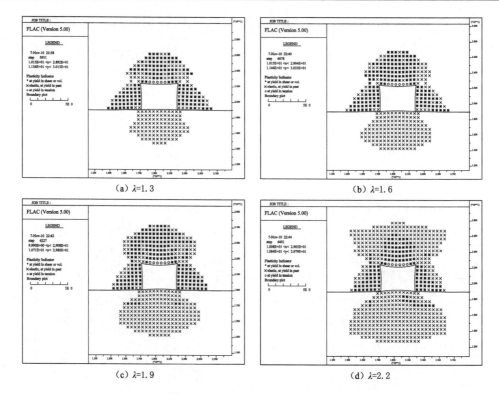

(a) λ=1.3　　　　　　　　　　　(b) λ=1.6

(c) λ=1.9　　　　　　　　　　　(d) λ=2.2

图 3-8　煤顶巷道围岩塑性区分布

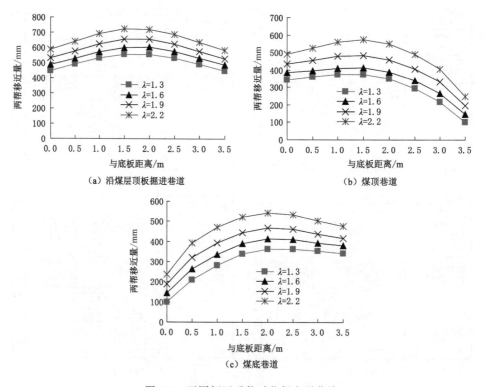

(a) 沿煤层顶板掘进巷道　　　　　(b) 煤顶巷道

(c) 煤底巷道

图 3-9　不同侧压系数时巷帮变形曲线

由以上分析可知,随着构造应力的增大,两帮塑性区基本不变,亦即其弹塑性变形量基本不变,但两帮移近量却出现明显增长,表明构造应力越大,煤帮沿层理面的滑移变形量所占比重越大,滑移变形成为两帮变形的重要组成部分。

3.3　层理面位置对厚煤层巷道围岩应力分布的影响分析

深部构造应力作用下,厚煤层巷道的围岩应力分布如图 3-10 所示。由图可以看出层理面对围岩应力分布的影响规律为:

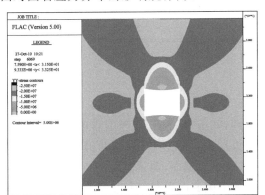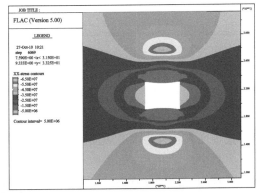

（a）全煤巷道

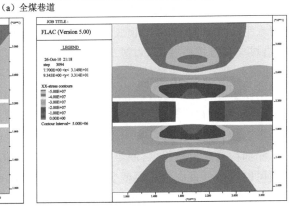

（b）沿煤层顶板掘进巷道

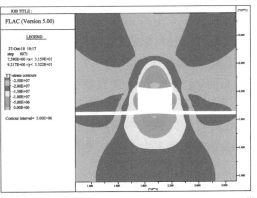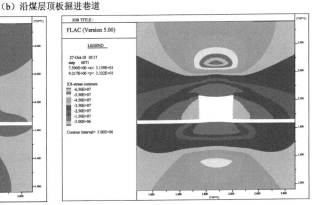

（c）煤顶巷道

图 3-10　厚煤层巷道围岩应力云图（左为垂直应力、右为水平应力）

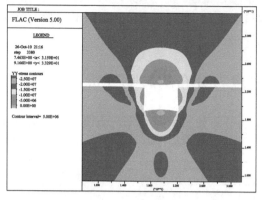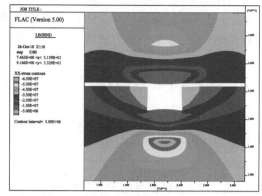

(d) 煤底巷道

图 3-10 (续)

(1) 垂直应力等值线可穿过层理面而保持连续,其分布特征为:当围岩中没有层理面,或巷道顶底部各有一个层理面时,即全煤巷道、沿煤层顶板掘进巷道,这两类巷道的两帮垂直应力集中区域出现在煤帮的中部;煤顶巷道底部存在层理面,两帮垂直应力集中区域向底板偏移;煤底巷道顶部存在层理面,两帮垂直应力集中区域向顶板偏移。

(2) 水平应力等值线在层理面处出现中断,其主要原因是层理面发生剪切破坏而导致两帮水平应力降低较多,而顶底板仍保持较大水平应力。水平应力分布特征为:对于全煤巷道、沿煤层顶板掘进巷道,两帮水平应力以巷帮中部为轴呈对称分布;对于煤顶巷道、煤底巷道,两帮的水平应力等值线层理面斜交,且越接近层理面,水平应力越低。

由以上分析可以看出,两帮垂直应力向层理面附近集中,而水平应力则越接近层理面,应力越低,导致在层理面附近垂直应力和水平应力差值增大。应力差值的增大必然造成层理面附近软弱岩体向破坏方向发展,因而煤帮塑性区沿着层理面向深部发展(图 3-2)。

深部构造应力作用下,厚煤层巷道围岩垂直应力随其深度的变化情况如图 3-11 所示,由图可以看出垂直应力随深度变化具有以下规律:

(1) 随围岩深度增加,两帮垂直应力先升高后降低,4 类巷道的垂直应力峰值基本相同,约为 26 MPa,集中系数约为 1.3(原始垂直应力为 20 MPa),但峰值位置不同,全煤巷道、沿煤层顶板掘进巷道、煤顶巷道及煤底巷道分别为 2 m、4 m、3 m、3 m,表明层理面对两帮垂直应力的转移深度具有明显影响,顶底部均存在层理面时,转移深度最大,顶部和底部仅存在一个层理面时,转移深度次之,不存在层理面时,转移深度最小。

(2) 在顶板和底板的浅部,两者垂直应力基本相同,全煤巷道、沿煤层顶板掘进巷道、煤顶巷道、煤底巷道保持基本相同的最大深度分别为 7 m、13 m、2.5 m、2.5 m,前两者由于围岩结构对称,垂直应力保持基本相同的深度较大,而后两者保持基本相同的深度较小,超过该深度后,当层理面位于巷道底部时(煤顶巷道),顶板垂直应力大于底板垂直应力,当层理面位于巷道顶部时(煤底巷道),底板垂直应力大于顶板垂直应力。

深部构造应力作用下,厚煤层巷道围岩水平应力随其深度的变化情况如图 3-12 所示,由图可以看出水平应力随深度变化具有以下规律:

(1) 顶底板水平应力先升高后降低,全煤巷道、沿煤层顶板掘进巷道顶底板水平应力曲

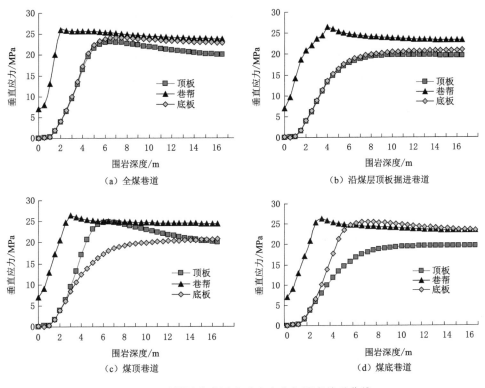

图 3-11　厚煤层巷道围岩垂直应力与深度关系曲线

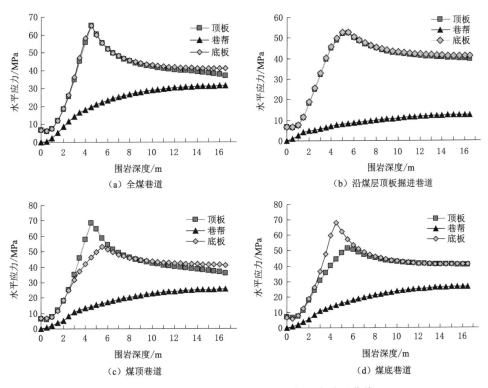

图 3-12　厚煤层巷道围岩水平应力与深度关系曲线

线基本重合,应力峰值分别为 65.1 MPa、52.7 MPa,应力集中系数分别为 1.63、1.32(原始水平应力为 40 MPa);煤顶巷道顶板水平应力集中程度大于底板,顶、底板应力峰值为 68.6 MPa、52.9 MPa,应力集中系数分别为 1.72、1.32;煤底巷道顶板水平应力集中程度小于底板,顶、底板应力峰值为 51.5 MPa、68.0 MPa,应力集中系数分别为 1.29、1.70。由此可知,顶部或底部不存在层理面时,相应的顶板或底板水平应力集中程度也较大。

(2)两帮水平应力逐渐升高至一定值后,增加幅度减缓。对于该值,全煤巷道最大,煤顶巷道、煤底巷道次之,沿煤层顶板掘进巷道最小,依次分别为 31 MPa、25 MPa、26 MPa 和 12 MPa,分别为原始水平应力的 77.5%、62.5%、65% 和 30%,由此可见,层理面对两帮水平应力影响较大:顶底部均存在层理面时,水平应力降低最大;顶底部仅存在一个层理面时,水平应力降低次之;顶底部不存在层理面时,水平应力降低最小。

3.4 层理面力学性质及其对厚煤层巷道稳定性的影响

煤层巷道围岩分层性明显,且分层之间的层理面延展长度大。由前面分析可以看出,构造应力作用下,层理面位置对煤层巷道稳定性影响较大。不仅层理面的位置,层理自身的力学性质,尤其是其抗剪性质,对煤层巷道的稳定性也具有较大影响。

3.4.1 层理面的抗剪强度

岩层之间的层理面是结构面的一种,力学分析时称之为"结构面"。结构面的抗剪切能力一般由面摩擦、楔摩擦效应产生的。当结构面较平整、光滑时,结构面抗剪强度由面摩擦效应产生。此时,结构面的黏结力近似为 0,其抗剪强度表达式为[17-18]:

$$\tau = \sigma \tan \varphi_j \tag{3-1}$$

式中,σ 为作用在结构面上的法向应力;φ_j 为结构面内摩擦角。

当结构面具有一定的起伏性,凸凹不平时,抗剪强度由楔摩擦效应产生。楔摩擦效应产生的抗剪强度计算时,将其简化成规则齿形形态。当作用在结构面上的法向应力较小时,则会沿锯齿面滑移,出现爬坡效应,而当法向应力较大时,随着剪切力的增大,齿尖将被剪断,即出现切齿效应。两种情况下,楔摩擦效应产生的结构面抗剪强度表达式为[17-18]:

$$\begin{cases} \sigma < \sigma_T, \tau = \sigma \tan(\varphi_j + \beta) & \text{爬坡效应} \\ \sigma \geq \sigma_T, \tau = c_j + \sigma \tan \varphi_j & \text{切齿效应} \end{cases} \tag{3-2}$$

式中,σ_T 为爬坡效应与切齿效应的正应力分界值;c_j 为结构面的黏结力;β 为锯齿起伏角。

面摩擦效应、楔摩擦效应产生的结构面抗剪强度曲线如图 3-13 所示。面摩擦效应时,结构面抗剪强度曲线是一条通过坐标原点的直线;楔摩擦效应时,剪切力与法向力关系曲线则近似呈双直线特征,法向应力较小时,岩体沿齿面发生滑移,并产生剪胀效应,法向应力较大时,齿形凸台将被剪断,凸台被剪断后,岩体抗剪能力出现衰减。

3.4.2 层理面的剪切变形

结构面的变形特性包括法向变形特性和剪切变形特性。在巷道围岩变形中,结构面的法向变形可以忽略不计。因此,仅考虑结构面的剪切变形特性。

结构面在剪切力作用下产生切向变形,如图 3-14(a)所示。剪切力与切向变形关系一般

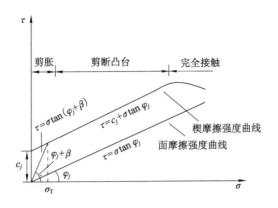

图 3-13　结构面剪切强度曲线[17-18]

有两种基本类型[17],如图 3-14(b)所示。对于粗糙结构面,随着切向变形的增加,剪应力相对上升较快,但达到剪应力峰值后,结构面抗剪能力下降,并产生不规则峰后变形;对于平坦且光滑的结构面,随着剪切变形的增加,剪应力逐渐升高并达到恒定值。结构面发生剪切变形时,产生单位剪切变形的应力梯度称为剪切刚度[17]:

$$K_s = \frac{\partial \tau}{\partial \delta_t}　　　　　　(3-3)$$

试验表明,坚硬结构面的剪切刚度一般是常数,而松软结构面的剪切刚度随法向应力的大小而改变。

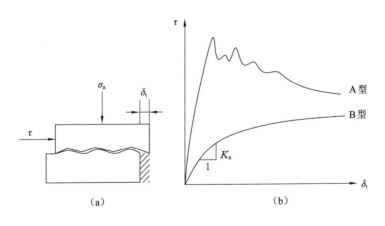

图 3-14　结构面剪切过程及变形曲线[17]

对于煤层巷道而言,煤层表面较粗糙,当顶板岩层较坚硬且表面光滑时,其剪切变形曲线特性属于图 3-14 中的 B 型;当顶板岩层较软且表面粗糙时,其剪切变形曲线特性属于图 3-14 中的 A 型。B 型煤岩层层理面更易于发生剪切变形。

3.4.3　构造应力作用下层理面的剪切破坏

对于近水平煤(岩)层巷道而言,层理面在近似水平方向上延展,层理面受力如图 3-15(a)所示。垂直应力即相当于作用在层理面上的法向应力,而水平应力则相当于剪切应力。层理面是否发生剪切破坏与其应力状态密切相关。层理面强度曲线及不同条件下的应力状态如图 3-16 所示,图中Ⅰ、Ⅱ、Ⅲ、Ⅳ所处的位置对应的横、纵坐标分别代表其法向应力和剪切应力的大小。

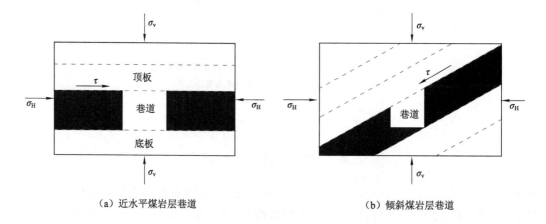

（a）近水平煤岩层巷道　　　　　　　　（b）倾斜煤岩层巷道

图 3-15　层理面受力示意图

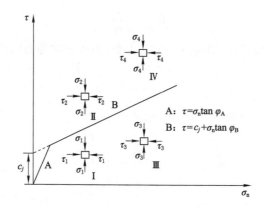

Ⅰ—浅埋地层正常应力状态;Ⅱ—浅埋地层构造应力状态;
Ⅲ—深埋地层正常应力状态;Ⅳ—深埋地层构造应力状态。
图 3-16　层理面强度曲线及应力状态

由图 3-16 可知,A 段法向应力较低,内摩擦角较大,剪切力上升较快,层理面受力状态位于此段时,将不仅产生切向位移分量,还产生法向移动分量,即剪胀;B 段法向应力较高,层理面上的微凸体将发生剪破坏或拉破坏。浅部地层正常地应力状态下(Ⅰ),巷道围岩中的层理面所受法向力和剪切力均较小,一般不发生剪切破坏,而浅部地层并受到构造应力作用时(Ⅱ),作用在层理面上的剪切力较大,层理面则可能发生剪切破坏;深部地层正常应力状态下(Ⅲ),法向力和剪切力均较大,层理面可能发生剪切破坏,而深部地层并受到构造应力作用时(Ⅳ),作用在层理面上的剪切力更加突出,层理面最容易发生剪切破坏。层理面发生剪切破坏后,其抗剪强度出现衰减,若层理面与巷道空间相连,则两帮将沿层理面向巷道空间滑移。

对于倾斜岩层巷道[图 3-15(b)],由于构造应力与层理面之间有夹角,构造应力中的一部分转化为作用于倾斜层理面的剪切力,另一部分则转化为倾斜层理面的法向应力。此时,构造引起的层理面的滑移效应将会削弱。

3.4.4 层理面力学性质对巷道稳定性的影响

在构造应力作用下,由于层理面抗剪强度较小,围岩破坏首先从层理面的剪切破坏开始,因而层理面的力学性质对围岩的变形破坏具有较大影响。数值计算结果表明,增大黏结力、内摩擦角、法向刚度对减小巷道两帮的移近量作用不大。层理面的黏结力从 0.1 MPa 增加至 1 MPa,内摩擦角从 10° 增加至 20°,法向刚度由 0.5 GPa 增加至 5 GPa,厚煤层巷道塑性区大小及两帮移近量变化非常小,而剪切刚度对巷道稳定性影响较大。剪切刚度 K_s 分别为 0.015 GPa、0.03 GPa、0.06 GPa、0.09 GPa、0.12 GPa、0.15 GPa 时,即按照 1、2、4、6、8、10 倍变化时,巷帮移近曲线如图 3-17 所示。

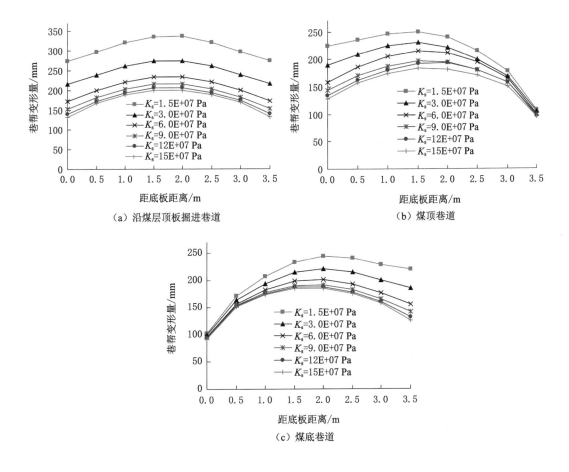

图 3-17 剪切刚度不同时厚煤层巷道巷帮变形曲线

由图 3-17 可知,当剪切刚度较小时,随着剪切刚度的增加,巷帮移近量大幅度减小,尤其是距离层理面较近时,而随着远离层理面减小幅度逐渐减小;剪切刚度较大时,随剪切刚度增加,巷帮移近量变化较小。巷帮在层理面处的移近量与剪切刚度关系如图 3-18 所示,剪切刚度由 0.015 GPa 增加至 0.06 GPa 时,巷帮在层理面处的移近量急剧减小,沿煤层顶板掘进巷道、煤顶巷道、煤底巷道分别由 275 mm、224 mm、219 mm 减小至 173 mm、159 mm、156 mm,减小了 102 mm、65 mm、63 mm,减小幅度分别为 37％、29％、29％,剪切刚度超过 0.06 GPa 以后,巷帮在层理面处的移近量减小趋缓,剪切刚度由 0.12 GPa 增加至 0.15 GPa 时,移近量分别减小 8 mm、7 mm、7 mm,减少幅度非常小。

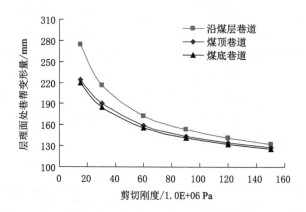

图 3-18　剪切刚度与巷帮变形的关系

　　不同剪切刚度下,沿煤层顶板掘进巷道、煤顶巷道、煤底巷道围岩塑性区如图 3-19 所示。由图 3-19 可知,随着层理面剪切刚度的提高,层理面附近煤帮塑性区深度减小,进一步表明层理面对两帮塑性区发展具有较大影响:剪切刚度较小时,两帮易于沿顶板或底板发生滑移,两帮的塑性区则由于滑移剪切破坏作用而沿层理面向深部发展,剪切刚度较大时,由于滑移趋势受阻而使得塑性区沿层理面向深部发展的趋势受阻。另外可以看出,层理面剪切刚度对顶底板的塑性区也具有一定影响,剪切刚度增大后,与层理面相连的顶底板的塑性区也相应减小了。

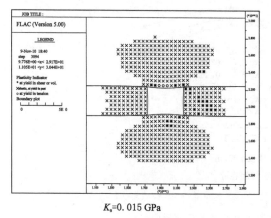

K_s=0.015 GPa

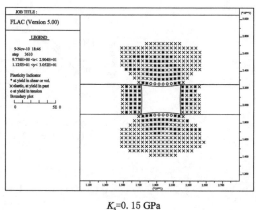

K_s=0.15 GPa

（a）沿煤层顶板掘进巷道

图 3-19　不同剪切刚度塑性区分布

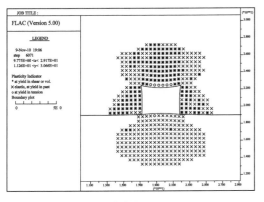 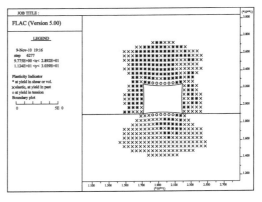

K_s=0.015 GPa K_s=0.15 GPa

（b）煤顶巷道

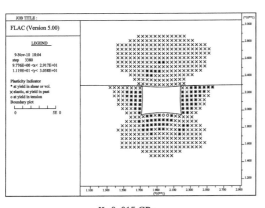 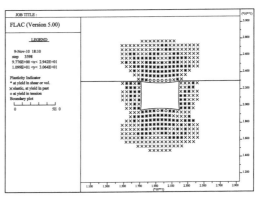

K_s=0.015 GPa K_s=0.15 GPa

（c）煤底巷道

图 3-19 （续）

3.5 本章小结

本章采用数值计算方法,研究了深部构造应力作用下层理面对厚煤层巷道围岩塑性区、位移及应力分布的影响规律,主要结论为:

（1）构造应力作用下,厚煤层巷道两帮易于沿顶板或底板层理面发生滑移,巷道的顶底部只有一个层理面时,随着远离层理面,两帮移近量减小,但煤帮的顶部、底部均有层理面时,煤帮则沿顶板和底板的层理面整体移近;两帮的塑性区沿层理面向深部发展,导致层理面附近塑性区较大。总的来说,层理面附近煤帮移近量大、破坏深度大。

（2）构造应力对厚煤层巷道顶底板的破坏作用较大,构造应力越大,顶底板的塑性区越大,而对两帮破坏作用较小。且随着构造应力的增大,两帮塑性区基本不变,但两帮移近量却出现明显增长,表明煤帮沿层理面滑移变形量所占比重越来越大,滑移变形成为两帮相对移近的重要组成部分。

（3）构造应力作用下，厚煤层巷道两帮的垂直应力向层理面附近集中，而越接近层理面，两帮水平应力越低，导致在层理面附近垂直应力和水平应力差值增大，造成层理面附近软弱煤体发生破坏，从而使得层理面附近两帮塑性区较大。

（4）对于近水平煤层巷道，在构造应力产生的剪切力作用下，层理面易于发生剪切破坏，从而导致煤帮沿层理面发生滑移。层理面的黏结力、内摩擦角、法向刚度对煤帮沿层理面的滑移变形影响非常小，而剪切刚度对其影响较大。随着剪切刚度的增大，煤帮滑移变形大幅减小，层理面附近煤帮塑性区也出现了减小。

4　深部构造应力作用下厚煤层巷道稳定性相似模拟试验研究

在研究巷道围岩变形破坏规律时,理论分析往往把影响巷道稳定性的复杂的多个因素简化为主观的少数几个因素,但由于工程地质及开采技术条件的复杂性,采用理论分析方法常常难以解决复杂的实际问题。相似模拟试验则可以模拟多种地质条件、开采条件下的巷道围岩变形破坏特征,并能直观反映所研究系统的物理、力学现象,从而弥补理论分析方法的不足。本章基于厚煤层巷道围岩结构,建立具有层理面的厚顶煤巷道相似模拟试验模型,通过分级加载模拟不同的巷道围岩应力环境,加载过程中对围岩应力与位移进行动态监测,分析埋深、构造应力、层理面对围岩变形、围岩应力分布以及支护结构变形破坏的影响规律。

4.1　试验目的及内容

对于巷道围岩稳定性的研究,一般采用平面应变模型。国内外研究人员通过平面应变相似模拟试验研究了巷道围岩变形破坏机理、锚杆支护作用机理等内容[125-130],取得了一系列的成果。本章采用相似模拟试验方法,建立含有层理面的厚顶煤巷道稳定性分析物理模型,研究深部构造应力作用下厚煤层巷道围岩变形破坏规律,主要研究内容包括:

(1)厚顶煤巷道围岩变形破坏与埋深的关系:埋深为 200 m、400 m、600 m、800 m、1 000 m 时,厚顶煤巷道围岩变形破坏、围岩应力分布等方面的特征。

(2)厚顶煤巷道变形破坏与构造应力大小的关系:侧压系数 λ 为 1.5、2.0、2.5、3.0 时,厚顶煤巷道围岩变形破坏、围岩应力分布及支护结构变形破坏等方面的特征。

(3)破坏性试验:保持垂直压力不变,持续增加侧向压力,研究构造应力足够大时,厚煤层巷道围岩及支护变形破坏等方面的特征。

(4)层理面对厚煤层巷道围岩变形破坏、围岩应力的影响特征。

4.2　厚顶煤巷道相似模拟试验模型设计

相似模拟试验模型设计主要包括试验台设计、模型制作、监测方案设计及试验过程设计等 4 个部分。

4.2.1　试验台设计

试验采用中国矿业大学研制的真三轴平面应变模型试验台,该试验台可进行三向六面加载,能够模拟巷道的平面应变问题。试验台由加载系统、框架系统和监测系统等 3 部分组成,如图 4-1 所示。加载系统由液压泵、液压控制盘、液压管路和液压枕等组成,模型的上下、左右及前后均布置液压枕,分别由 3 套液压管路控制,加载大小可以任意调节,且可长期稳定持续加载;框架系统由上下、左右、前后挡板等组成,可用来固定液压枕,框架形成的填料空间尺寸的宽×高×厚为 1 m×1 m×0.2 m;监测系统主要由位移和压力传感器、电阻应变仪、电路、计算机等组成,可以实时监测巷道表面位移、围岩应力等。

（a）未打开前档板　　　　　　　　　　（b）打开前档板

图 4-1　巷道平面应变相似模拟试验台

4.2.2　模型制作

4.2.2.1　相似常数的确定

相似材料模拟方法的实质就是依据相似原理,使用相似材料将矿山岩层按照一定的比例制成模型,然后模拟实际情况进行"开挖",并通过监测仪器监测"开挖"引起的围岩移动、变形和破坏情况,从而根据相似模型模拟出来的结果分析、推断实际岩层在开挖时所产生的变形破坏情况。

对于矿山岩层系统,两系统相似主要是指几何相似、物理相似和动力学相似,即对于任意两个系统只要能够满足几何学、物理学和动力学上的相似,则这两个系统是相似的[131]。依据相似定理,可推导出关键的相似准则:

（1）几何相似

$$C_l = \frac{l_p}{l_m} \tag{4-1}$$

式中,C_l 表示几何相似常数;l_p 表示实际物体尺寸;l_m 表示模型尺寸。

（2）容重相似

$$C_\gamma = \frac{\gamma_p}{\gamma_m} \tag{4-2}$$

式中,C_γ 表示容重相似常数;γ_p 表示实际材料容重;γ_m 表示模型材料容重。

（3）应力与强度相似

$$C_\sigma = \frac{\sigma_p}{\sigma_m} = C_l C_\gamma \tag{4-3}$$

式中,C_σ 表示应力与强度相似常数;σ_p 表示实际应力与强度;σ_m 表示模型应力与强度。

综合考虑巷道围岩研究范围以及试验台填料空间尺寸（宽度×高度×厚度＝1 m×1 m×0.2 m）,确定几何相似常数 C_l 为 25,模拟的实际尺寸为 25 m×25 m×5 m;地下岩层平均容重取 2.5 g/cm³,相似材料容重约为 1.56 g/cm³,容重相似常数为 1.6;应力与强度相似常数为 $C_\sigma = C_l C_\gamma = 40$。

4.2.2.2　模型铺设

相似材料主要由骨料和胶结料组成。骨料一般为砂子,胶结料为石膏和碳酸钙,通过调节两种胶结物的比例,可以调节材料的强度。分层材料则采用云母粉。依据实际岩层厚度与几何相似常数,计算得出模型中对应煤岩层的厚度;依据强度相似常数及相似模型强度设计经验,计算得出模型中煤岩层的强度并给出实际配比号;依据配比号、实际填料空间尺寸及煤岩层的厚度,计算得出所需相似材料的质量。几何相似常数为 25,容重相似常数为 1.6,强度相似常数以 40 为基准,考虑到岩体受到节理、裂隙等弱面的影响,进行相应折减,用水量按 1/11 计算,可得相似材料模型参数及材料配比,见表 4-1。

表 4-1　模型参数及材料配比

岩层	实际厚度 /m	模型厚度 /mm	模型强度 /kPa	配比号	砂子 /kg	碳酸钙 /kg	石膏 /kg	水 /kg
顶板Ⅱ	2.4	95	283	337	26.08	2.61	6.08	3.40
顶板Ⅰ	3.5	140	222	437	40.99	3.07	7.17	4.94
煤层	8.5	340	141	555	103.69	10.37	10.37	12.25
底板Ⅰ	1.2	48	222	437	14.05	1.05	2.46	1.69
底板Ⅱ	3.5	140	222	437	40.99	3.07	7.17	4.94
底板Ⅲ	6	240	283	337	65.88	6.59	15.37	8.58

模型中开挖巷道断面的宽×高为 200 mm×150 mm,实际尺寸为 5 000 mm×3 750 mm,相似模型尺寸设计如图 4-2(a)所示。相似材料模型铺设前,首先采用钢板将模型四周和底板固定好。固定之后,即可铺设模型。模型需分层、分次铺设。模型铺设基本过程为:

(1) 按材料配比称料并将其混合在一起搅拌,之后再加水并搅拌均匀。用水量为材料质量的 1/11,砂子较干时为 1/10,可根据实际情况加减水量。

(2) 将搅拌好的混合料装入模型框架,并将其摊平、捣实,为满足设计强度要求,分次捣实厚度应小于 40 mm。

(3) 铺设至分层高度时,均匀撒上云母粉模拟层面,其用量依据层里面抗剪强度确定,层理面抗剪强度越小,撒的云母粉越多。

(4) 铺设至巷道及监测仪器位置时,按照支护布置埋入铅丝模拟锚杆,锚杆两端均安装方形铁片,一端用来模拟托盘,另一端则用来模拟对围岩的锚固;并在围岩中埋设监测仪器。

(5) 依照以上步骤循环铺设至模型顶部。

模型铺设完成后,需要一段时间等待模型晾干(15~25 d),其间在模型正面布置铅垂和水平观测线。晾干后,在设计位置开挖巷道。

模型铺设并开挖完成后效果如图 4-2(b)所示。

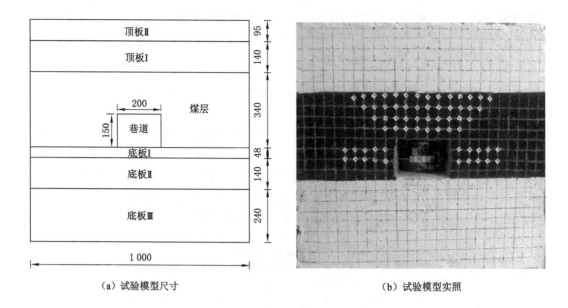

（a）试验模型尺寸   （b）试验模型实照

图 4-2　相似材料模拟试验模型（单位：mm）

4.2.3　监测方案设计

　　主要监测内容为厚顶煤巷道的围岩应力、表面位移、围岩变形破坏状况等。应力计、位移计布置如图 4-3 所示。

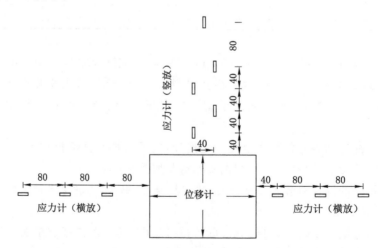

图 4-3　传感器布置图（单位：mm）

　　应力计布置在顶煤（板）与煤帮内，用于监测顶煤（板）的水平应力、两帮的垂直应力。顶煤（板）内应力计共 5 个，对应实际深度为 1 m、2 m、3 m、4 m 和 6 m，下面 4 个应力计位于顶煤内，最上面的应力计位于顶板岩层内，竖直摆放并将其圆形表面平行于左右两侧液压枕，相邻的应力计在水平方向上错开一定距离，以便于埋设。两帮内分别埋设 3 个应力计，对应实际深度为 1 m、2 m、3 m、4 m、5 m、6 m，将其圆形表面平行于上下两面的加载液压枕。位移计布置在巷道表面,顶底板及巷帮中部各 1 个,用于监测顶底及两帮的表面位移。

将应力计、位移计与 TS3890A 静态电阻应变仪相连接,并与计算机相连接,即可测量出应力值及位移值,如图 4-4 所示。围岩变形破坏状况主要采用数码相机进行拍照记录。

（a）放大图

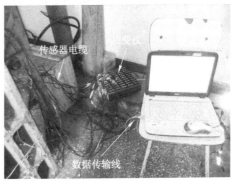

（b）实际连接图

图 4-4 TS3890A 静态电阻应变仪

4.2.4 试验过程设计

模型铺设、巷道开挖以及监测仪器安装等程序完成后,即开始加载。按照巷道埋深 200 m、400 m、600 m、800 m、1 000 m 的应力状态依次加载,加载至埋深 1 000 m 的应力状态后,固定垂直压力不变,不断增加侧压,模拟构造应力对巷道稳定性的影响。应力相似常数按 40 计算,设计加载方案见表 4-2。

表 4-2 试验模型加载方案

加载状态	实际载荷/MPa			模型载荷/MPa		
	上下	左右	前后	上下	左右	前后
200 m	5.0	5.0	3.25	0.13	0.13	0.10
400 m	10.0	10.0	6.50	0.25	0.25	0.15
600 m	15.0	15.0	9.75	0.38	0.38	0.25
800 m	20.0	20.0	13.00	0.50	0.50	0.33
1 000 m	25.0	25.0	16.25	0.63	0.63	0.41
$\lambda=1.5$	25.0	37.5	24.38	0.63	0.94	0.61
$\lambda=2.0$	25.0	50.0	32.50	0.63	1.25	0.81
$\lambda=2.5$	25.0	62.5	40.63	0.63	1.56	1.02
$\lambda=3.0$	25.0	75.0	48.75	0.63	1.88	1.22

在加载过程中,采用 TS3890A 静态电阻应变测量系统记录围岩应力及巷道表面位移值,并注意观察应力、位移的变化情况以及巷道表面的变形情况。加载至每个应力状态后,应稳压 30~60 min。在侧压系数达到 3 之后,打开模型前面的加压板,进行破坏性试验:固

定垂直压力不变,持续增大侧向压力,监测构造应力作用下厚顶煤巷道表面位移变化以及围岩应力分布及变化情况,并采用数码相机拍摄围岩变形破坏全过程。

4.3 厚顶煤巷道围岩稳定性相似模拟试验结果分析

4.3.1 埋深对厚顶煤巷道围岩变形破坏的影响

4.3.1.1 巷道表面位移分析

对 TS3890A 静态电阻应变测量系统得到的巷道表面位移数据进行整理,得到埋深与巷道变形的关系,如图 4-5 所示。

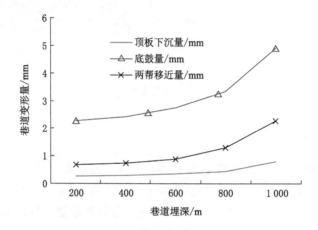

图 4-5 巷道变形与巷道埋深的关系

由图 4-5 可以看出,随着埋深的增大,顶板下沉量、底鼓量及两帮移近量均逐渐增大,但埋深小于 800 m 时,巷道变形量增加较缓慢,超过 800 m 以后,巷道变形量出现了急剧增长,表明埋深达到一定程度后,围岩破坏深度、碎胀变形程度显著增大,导致巷道变形出现了较大增长。

4.3.1.2 围岩应力分布特征分析

对 TS3890A 静态电阻应变测量系统得到的围岩应力数据进行整理,得到埋深与围岩应力分布的关系,如图 4-6、图 4-7 所示。

由图 4-6 可知,对于煤帮垂直应力,其分布特征:3 m 以浅垂直应力较小,3 m 以深,应力开始升高,表明应力向深部转移,约在 5 m 深度达到应力峰值,之后又出现下降;随着埋深的增大,煤帮的垂直应力峰值逐渐升高,且增速逐渐加快。

由图 4-7 可知,对于顶煤(板)水平应力,其分布特征:1 m 以浅水平应力较低,随着进入顶煤深部,水平应力出现先升高后降低的现象,即呈现出"上下低、中间高"的现象,表明浅部顶煤和顶板层理面附近煤体破坏较严重;随着埋深的增大,顶煤的水平应力峰值逐渐升高,表明顶煤表面变形破坏程度加大而导致顶煤中部应力集中程度加大。而当进入顶板岩层以后(5 m 以深),水平应力又逐渐升高,表明顶板未发生破坏,仍可以承受较大的水平应力。

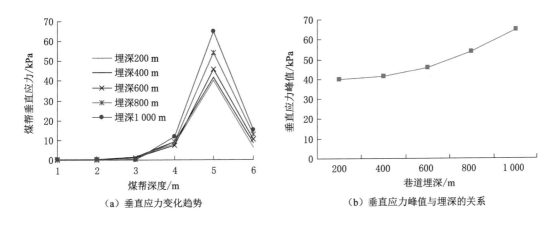

（a）垂直应力变化趋势　　　　　（b）垂直应力峰值与埋深的关系

图 4-6　煤帮垂直应力与埋深的关系

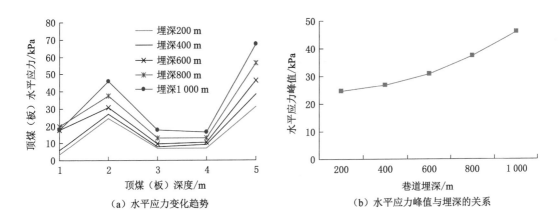

（a）水平应力变化趋势　　　　　（b）水平应力峰值与埋深的关系

图 4-7　顶煤（板）水平应力与埋深的关系

4.3.2　构造应力对厚顶煤巷道围岩变形破坏的影响

4.3.2.1　围岩变形破坏特征分析

按照表 4-2 中侧压系数 λ＝1.5、2.0、2.5、3.0 时的应力状态进行加载,研究构造应力作用下厚顶煤巷道围岩变形破坏特征。由于拆卸加压板较为困难,加压过程中未打开加压板,仅在侧压系数达到 3.0 以后打开加压板,观察围岩变形破坏状况。未加压和侧压系数为 3.0 时围岩变形破坏状况对比如图 4-8 所示(图中用木支柱支撑顶板是为了防止打开加压板时巷道发生垮冒);侧压系数与巷道变形量的关系如图 4-9 所示。

由图 4-8 可以看出,在构造应力作用下,厚顶煤巷道顶煤、底板破坏较严重,顶煤出现了较大下沉,且锚杆锚固范围内顶煤出现了裂隙,两侧的裂隙尤为明显,呈现出从两侧开始破坏的迹象,若非顶板锚杆的支护作用,顶煤将会出现垮冒;底板鼓起量也较大,且底板浅部岩体松软破碎;但两帮破坏程度相对较小,没有出现明显破坏。由以上分析可知,构造应力对顶、底板破坏作用较大,且顶板两侧的锚杆首先受到构造应力的剪切破坏作用。

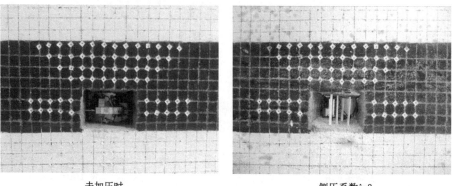

未加压时　　　　　　　　　　　　侧压系数λ=3

（a）全局图

未加压时　　　　　　　　　　　　侧压系数λ=3

（b）局部图

图 4-8　构造应力作用下厚顶煤巷道围岩变形破坏特征

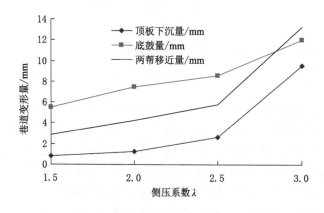

图 4-9　巷道变形与侧压系数的关系

由图 4-9 可以看出，随着构造应力的增大，巷道变形量逐渐增大，构造应力较小时，增幅较小，但当在侧压系数大于 2.5 之后，巷道变形量出现了急剧增长，表明围岩变形破坏程度加剧。

4.3.2.2 围岩应力分布特征分析

围岩应力与侧压系数的关系如图 4-10、图 4-11 所示。随着构造应力增大,围岩应力分布规律为:随着进入煤帮深部,垂直应力先升高后降低,应力峰值出现在 5 m 深处;随构造应力的增大,垂直应力峰值增长较快,表明构造应力越大,顶煤垂直压力向两帮转移越明显。顶煤水平应力呈现出"上下低、中部高"的分布特征,表明浅部顶煤和顶板层理面附近煤体破坏较严重;在顶煤内,随着构造应力的增大,水平应力峰值增长较快,而且其位置也向深部转移,侧压系数由 1.5、2.0 增长至 2.5、3.0 时,应力峰值深度由 2 m 转移至 3 m,表明构造应力的增大使得顶煤的破坏深度加大。

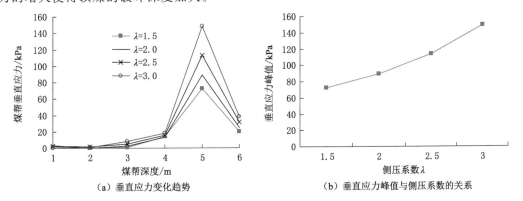

（a）垂直应力变化趋势　　　（b）垂直应力峰值与侧压系数的关系

图 4-10　煤帮垂直应力与侧压系数的关系

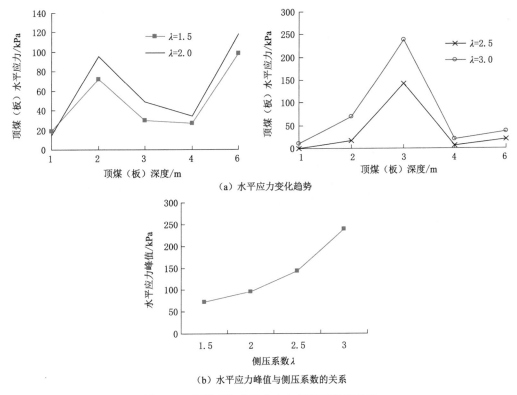

（a）水平应力变化趋势

（b）水平应力峰值与侧压系数的关系

图 4-11　顶煤(板)水平应力与侧压系数的关系

4.3.2.3 围岩破坏性试验分析

加载过程中,当侧压系数达到 3 以后,打开加压板,进行构造应力作用下厚顶煤巷道围岩破坏失稳试验。试验过程中,保持上、下两个液压枕的垂直压力不变,持续增加左右两侧液压枕的水平压力,直至厚顶煤巷道在构造应力作用下发生破坏失稳。厚顶煤巷道围岩破坏失稳过程如图 4-12 所示。

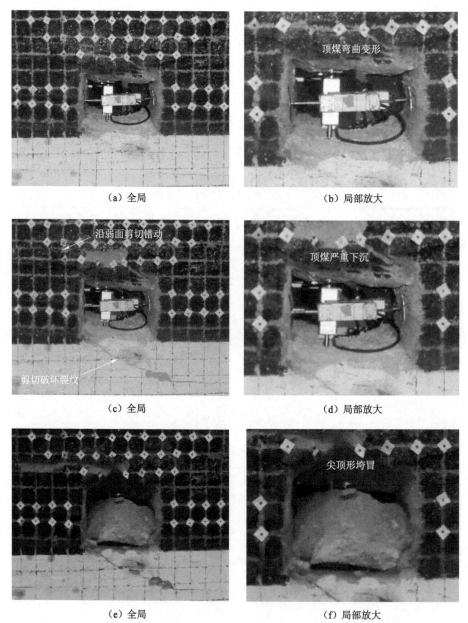

（a）全局　　　　　　　　　　　　（b）局部放大

（c）全局　　　　　　　　　　　　（d）局部放大

（e）全局　　　　　　　　　　　　（f）局部放大

图 4-12　围岩的破坏失稳过程

由图 4-12 可知,构造应力较大时,顶煤明显弯曲下沉,底鼓量也进一步增大,如图 4-12(a)所示;继续增加侧向压力,顶煤下沉进一步加大,并且顶煤沿水平层理发生明显滑移错动,底板则出现较大的剪切破坏裂隙,如图 4-12(b)所示;进一步增加侧向压力,顶煤发生垮冒,垮冒形态呈中间高、两侧低的尖顶形形态,破裂面呈现出斜面剪切破坏特征,底板破坏程度也进一步加大,如图 4-12(c)所示。垮冒顶煤清理后,巷道变形破坏状况如图 4-13 所示。

图 4-13 垮冒顶煤清理后巷道变形破坏状况

4.3.2.4 支护结构破坏失效分析

破坏性试验时,锚杆也发生了变形或破断。垮冒顶煤中锚杆破断形态如图 4-14 所示,锚杆变形破断前后的对比如图 4-15 所示。由图 4-14、图 4-15 可以看出,顶板锚杆明显变细,且大量锚杆破断,表明构造应力作用下,顶板锚杆受到围岩剪切破坏作用而被剪断,或者因顶煤较大的碎胀变形而被拉断。两帮锚杆也明显变细,表明两帮锚杆也出现了明显拉伸变形。

图 4-14 垮落顶煤中的破断锚杆

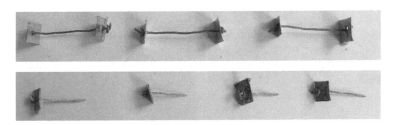

(a)顶板锚杆(上为破断前、下为破断后)

图 4-15 锚杆变形破断前后的对比

（b）两帮锚杆（上为变形前、下为变形后）

图 4-15 （续）

4.4 沿煤层顶板掘进巷道相似模拟试验结果分析

对于构造应力作用下沿煤层顶板掘进巷道变形破坏规律，鲁岩[16]采用相似模拟试验对其进行了研究。试验过程中对围岩的应力、位移及锚杆的受力进行了监测。不同侧压系数下沿煤层顶板掘进巷道的变形破坏状况如图 4-16 所示。试验结果表明[16]：构造应力越大，围岩变形破坏越严重；两帮煤体沿巷道顶板、底板向巷道空间发生滑移，且构造应力越大，滑移量越大；煤帮肩角锚杆的受力最大，其次为煤帮中部的锚杆，下部的锚杆受力最小，且随构造应力增大，锚杆受力增大。这解释了构造应力作用下沿煤层顶板掘进巷道肩角锚杆破断的原因。

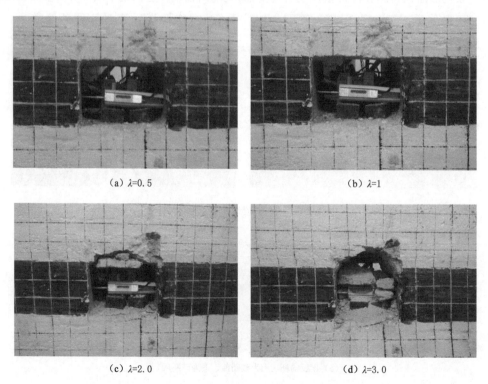

（a）$\lambda=0.5$ （b）$\lambda=1$

（c）$\lambda=2.0$ （d）$\lambda=3.0$

图 4-16 不同侧压系数下沿煤层顶板掘进巷道围岩变形破坏状况[16]

4.5　本章小结

本章采用厚煤层巷道平面应变相似模拟试验方法,分析了埋深、构造应力、层理面等因素对厚煤层巷道围岩变形破坏的影响规律,主要结论为:

(1)埋深对厚顶煤巷道围岩变形破坏的影响规律:随着埋深增大,巷道变形量逐渐增大,埋深小于800 m时,巷道变形量增长较缓慢,但超过800 m后,巷道变形量增长明显加快,表明埋深达到一定程度后,围岩破坏深度、碎胀变形程度显著增大,致使巷道变形快速增长;随着埋深增大,煤帮的垂直应力峰值、顶煤的水平应力峰值逐渐升高,且增速逐渐加快,表明浅部煤体变形破坏程度加大而导致深部煤体应力集中程度加大。

(2)构造应力对厚顶煤巷道围岩变形破坏的影响规律:构造应力较大时,顶煤向巷内的弯曲变形严重,并沿水平层理发生明显错动,底板也出现较大的剪切破坏裂隙;进一步增加构造应力,顶煤则发生"尖顶"形垮冒,破裂面呈现出斜面剪切破坏特征。顶板锚杆也因顶煤较大的膨胀变形而被拉长,且大量锚杆发生了破断,两帮锚杆也出现明显拉伸变形。

(3)构造应力对厚顶煤巷道围岩应力分布的影响规律:① 随构造应力的增大,煤帮垂直应力峰值增长较快,表明构造应力越大,顶煤垂直压力向两帮转移越明显。② 顶煤水平应力呈现出"上下低、中间高"的分布特征,表明浅部顶煤和上部层理面附近煤体破坏较严重,而顶煤中部区域的整体性相对较好,应力相对较高。③ 随着构造应力的增大,顶煤内的水平应力峰值逐渐增大,且峰值位置向深部转移,表明构造应力的增大使得顶煤的破坏深度加大。

(4)构造应力对沿煤层顶板掘进巷道围岩变形破坏的影响规律:构造应力越大,巷道围岩变形破坏越严重,两帮沿顶底板层理面的滑移量越大;煤帮肩角锚杆的受力最大,其次为煤帮中部的锚杆,下部的锚杆受力最小,且随构造应力增大,锚杆受力增大。

5 深部构造应力作用下厚煤层巷道破坏失稳分析

深部构造应力作用下厚煤层巷道支护难度大,当支护方式或技术参数不合理时,围岩即会发生严重变形破坏,并伴随支护结构的破坏失效,甚至发生冒顶。巨野矿区新巨龙煤矿煤层开采深度为 800～1 300 m,井田内断层发育,巷道受构造应力影响显著,围岩及支护结构稳定性极差,出现了"煤帮向巷内滑移错动、煤帮破碎鼓出、顶煤严重下沉、锚杆破断失效"等剧烈矿压显现。本章以新巨龙煤矿沿煤层顶板掘进巷道、厚顶煤巷道两类厚煤层巷道为背景,建立了数值计算模型和肩角锚杆受力分析模型,分析了煤岩层理面对厚煤层围岩变形的作用机制、肩角锚杆破断机制以及厚顶煤巷道"倒梯形"塑性区的形成机制,研究揭示深部构造应力作用下厚煤层巷道围岩与支护结构破坏失稳机理。

5.1 沿煤层顶板掘进巷道锚固体破坏失稳分析

以新巨龙煤矿北区胶带运输大巷(简称"北胶大巷")为例,进行深部构造应力作用下沿煤层顶板掘进巷道破坏失稳分析。

5.1.1 巷道矿压显现特征

北胶大巷埋深约 800 m,沿 3 煤上分层顶板掘进,煤层厚度 3.85～4.04 m、平均倾角 5°,顶底板以粉砂岩、细砂岩为主,四周未受采动影响。北胶大巷与 FL11 断层距离较近(图 2-26),断层倾角为 70°,落差为 0～15 m,巷道与最大水平主应力夹角较大,受构造应力影响较大。北胶大巷采用锚带网索支护,帮锚杆为 ϕ22 mm×2 500 mm 全螺纹等强锚杆,顶板锚杆为屈服强度为 500 MPa、ϕ22 mm×2 500 mm 高强锚杆。

在构造应力作用下,北胶大巷围岩及支护体系变形破坏严重,其特征为:煤帮上部移近量较大,肩角处存在顶角锚杆托盘被煤帮覆盖现象,而煤帮下部移近量较小;肩角锚杆(煤帮最上部锚杆)出现大量破断,如图 5-1 所示。肩角锚杆打设角度为 20°～30°,锚固在顶板岩层内。肩角锚杆在杆体或者锚尾处发生破断,从断口形态看,杆体破断形式为剪切破断,锚尾破断形式为拉破断。

5.1.2 围岩变形破坏分析

依据北胶大巷生产地质条件,采用 FLAC^{3D} 数值计算方法对其变形破坏特征进行模拟分析。数值模型宽×高为 80 m×78 m,上边界施加覆岩自重载荷 20 MPa,侧压系数取 1.7。左、右边界限定 x 方向位移,下边界 x、y 方向位移均限定。材料选用 Mohr-Coulomb 模型,岩层力学参数见表 5-1,并采用 Interface 命令创建煤岩层之间层理面。

北胶大巷围岩位移及矢量分布如图 5-2 所示,随着进入层理面深处,煤帮的滑移变形趋势如图 5-3 所示。由图 5-2、图 5-3 可知,北胶大巷围岩变形特征为:

（a）杆体破断

（b）锚尾破断

图 5-1　肩角锚杆破断形态

表 5-1　北胶大巷数值模型岩层力学参数

岩层	体积模量 K /GPa	剪切模量 G /GPa	密度 d /(kg/m³)	摩擦角 f /(°)	黏结力 C /MPa	抗拉强度 t /MPa	岩层厚度 /m
上覆岩层	7.82	5.84	2 600	34.0	3.80	4.13	30.0
细砂岩	4.10	3.21	2 700	32.0	2.90	2.70	4.0
粉砂岩	3.91	2.92	2 500	30.0	2.70	2.47	2.5
3 煤	2.45	1.57	1 300	28.5	1.30	1.25	4.0
粉砂岩	4.10	3.10	2 500	31.0	2.80	2.5	3.5
细砂岩	4.56	3.85	2 700	33.0	3.10	2.86	4.2
下覆岩层	3.91	2.92	2 600	30.0	4.26	4.19	30.0

（1）两帮呈现出"上部移近量大、下部移近量小"的变形特征[图 5-2(b)]。主要原因是：煤体强度较小，顶板岩层强度较大，且顶板表面较光滑，煤岩层之间层理面抗剪强度较小，在构造应力作用下，煤帮沿顶板层理面发生较大幅度滑移错动[图 5-2(d)]，而底板与煤帮之间抗剪能力较强，煤帮沿底板的滑移量则相对较小，这也与实际观测到的煤帮变形趋势一致。

（2）随着围岩进入深部，煤帮沿顶板的滑移错动量逐渐减小，当煤帮上表面与顶角的距离由 0 增加至 12 m 时，煤帮沿顶板的滑移量由 130 mm 减小至 30 mm。肩角锚杆穿过煤层与直接顶之间层理面，受煤帮的滑移错动影响较大，甚至发生杆体被剪断现象。

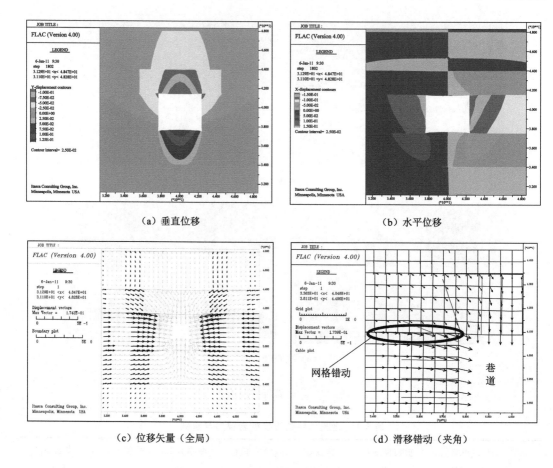

（a）垂直位移　　　　　　　　　　　（b）水平位移

（c）位移矢量（全局）　　　　　　　（d）滑移错动（夹角）

图 5-2　围岩位移及矢量分布特征

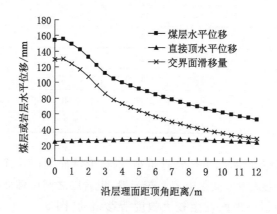

图 5-3　层理面的滑移错动趋势

5.1.3　锚固体变形破坏数值模拟分析

锚杆起作用的过程即为参与围岩的应力、位移调整的过程。当锚杆不能适应围岩的应力和位移调整时，锚杆即会发生破断。锚杆受力与围岩应力场、锚固方式和锚固长度有关。

模型中锚杆采用树脂锚固剂加长锚固,锚杆长 2.5 m,锚固长度为 1.2 m。固定垂直应力 20 MPa 不变,分析侧压系数为 1.3、1.6、1.9 和 2.2 时锚固体应力、位移分布特征,得到构造应力对锚固体破坏失稳的影响机制。

5.1.3.1 锚固体应力分布特征分析

垂直应力为 20 MPa,侧压系数为 1.3、1.6、1.9 和 2.2 时,锚杆轴力及围岩主应力分布如图 5-4 所示,其分布特征为:

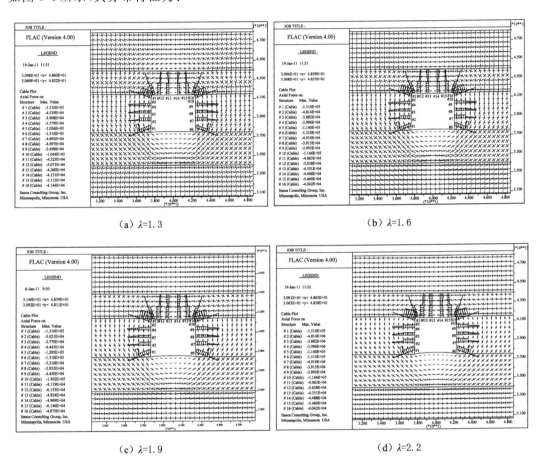

(a) λ=1.3　　　　　　　　　　(b) λ=1.6

(c) λ=1.9　　　　　　　　　　(d) λ=2.2

图 5-4　锚杆轴力及围岩主应力分布

(1) 顶底板的最大主应力为水平应力,两帮的最大主应力为垂直应力,巷道肩角和底角围岩最大主应力方向是倾斜的。锚杆自由段轴力较大,而锚固段轴力较小,锚杆施加的预紧力及浅部围岩的较大变形是造成这种现象的主要原因。

(2) 对于顶板锚杆,从两侧数第 2 根锚杆的轴力最大,其余锚杆基本相同,其中顶角锚杆的轴力最小,说明肩角围岩的变形较小,证实了肩角稳定区的存在。对于两帮锚杆,肩角锚杆、底角锚杆轴力较大,其中肩角锚杆自由段全长轴力均较大,而底角锚杆仅在煤层与底板岩层交界面处较大;巷帮中部锚杆轴力相对较小。

(3) 随着构造应力的增大,锚杆轴力增大,肩角锚杆和顶板第 2 根锚杆轴力增大较显著

（图 5-5），其余锚杆增长较小。随着侧压系数的增大，肩角锚杆和顶板第 2 根锚杆的轴力呈线性增长，侧压系数由 1.3 增大到 2.2 时，两者轴力分别增加了 37.1 kN 和 17.2 kN，增幅分别为 35.8％、33.9％。由此可以看出，构造应力越大，锚杆发生破断的概率越大。

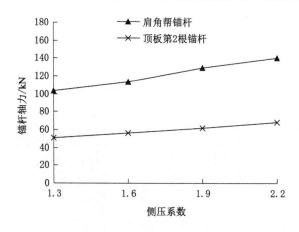

图 5-5　锚杆轴力与侧压系数的关系

5.1.3.2　锚固体位移分布特征分析

侧压系数为 1.3、1.6、1.9 和 2.2 时，锚杆及围岩垂直位移分布如图 5-6 所示，顶板锚杆垂直（轴向位移）位移在一定程度上可反映其拉伸变形量。由图 5-6 可知，锚固体垂直位移分布特征如下：

（1）2 根顶角锚杆变形量较小，中间 4 根顶锚杆变形量较大，主要原因是顶板下沉量中部大而两侧小；自由段变形量大于锚固段，主要原因是自由段围岩变形量大，而锚固段杆体变形受到锚固剂的约束。

（2）随着构造应力的增大，顶底板垂直位移明显增长，顶板锚杆的拉伸变形也逐渐增大，尤其顶板中部 4 根锚杆，如图 5-7 所示（4 根锚杆左右对称，取左侧 2 根锚杆）。侧压系数由 1.3 增加至 2.2 时，顶板下沉量、底鼓量分别由 93 mm、83 mm 增加至 128 mm、190 mm，增幅分别为 38.2％、129.7％，底鼓量增幅尤为明显，主要是由于底板未支护；左起第 2 根、第 3 根锚杆的轴向位移分别由 82 mm、88 mm 增加至 105 mm、120 mm，增幅分别为 28.0％、36.4％。

侧压系数为 1.3、1.6、1.9 和 2.2 时，锚杆及围岩水平位移分布如图 5-8 所示。帮锚杆水平位移（轴向位移）在一定程度上可反映其拉伸变形量。由图 5-8 可知，锚固体水平位移分布特征为：

（1）巷帮中部 3 根锚杆的拉伸变形量较大，且自由段拉伸变形量大于锚固段，主要原因是自由段围岩变形量大，而锚固段的变形受到锚固剂的约束。肩角锚杆和底角锚杆自由段变形量显著大于锚固段，其原因是自由段在煤帮滑移作用下产生较大拉伸变形。因此，肩角锚杆和底角锚杆易于在锚尾发生拉破断。

（2）随着构造应力的增大，两帮水平位移增大较显著，两帮锚杆的拉伸变形量增大亦较显著，如图 5-9 所示。由图 5-9 可知，侧压系数由 1.3 增至 2.2 时，巷帮距底板 3 m 位置处两帮移近量由 225 mm 增加至 383 mm，增幅为 70.2％，帮锚杆轴向位移由 91～108 mm 增加至 169～191 mm，增幅为 71.7％～85.3％。

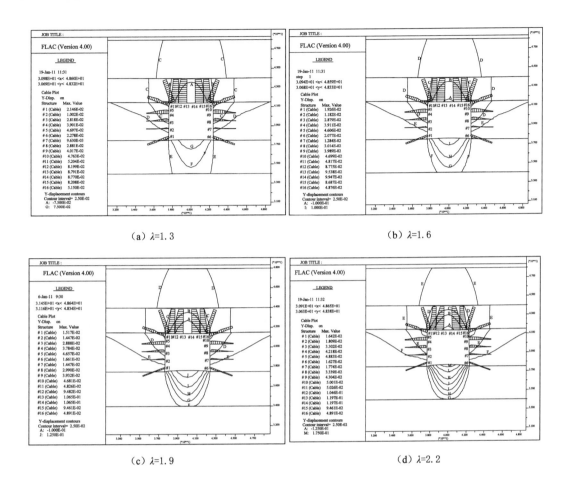

（a）λ=1.3　　　　　　　　　　　（b）λ=1.6

（c）λ=1.9　　　　　　　　　　　（d）λ=2.2

图 5-6　锚固体垂直位移分布

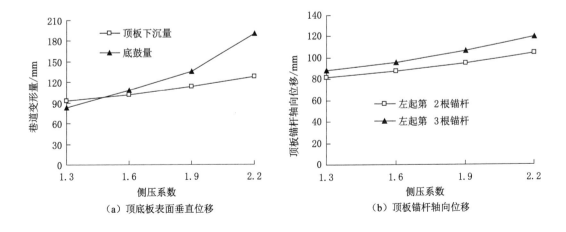

（a）顶底板表面垂直位移　　　　　　　（b）顶板锚杆轴向位移

图 5-7　锚固体垂直位移与侧压系数的关系

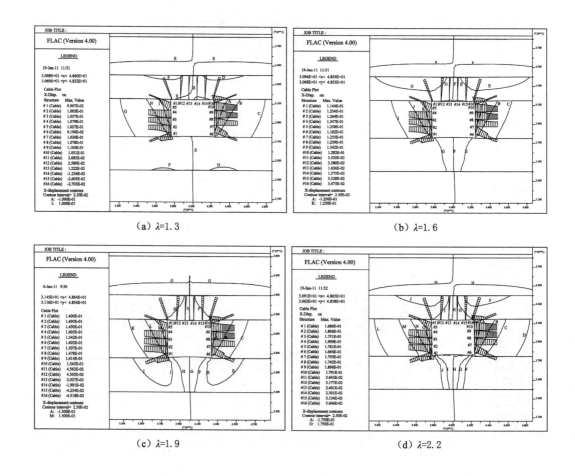

图 5-8　锚固体水平位移分布

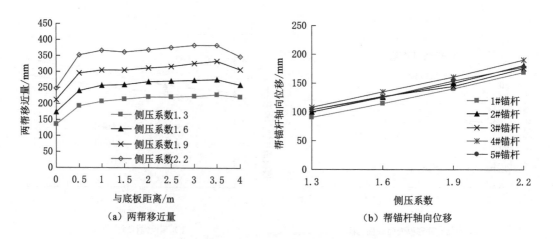

（a）两帮移近量　　　　　　（b）帮锚杆轴向位移

图 5-9　锚固体水平位移与侧压系数的关系

5.1.3.3 围岩塑性区分布特征分析

侧压系数为1.3、1.6、1.9和2.2时,围岩塑性区分布如图5-10所示。围岩塑性区分布特征为:

(1)巷道正上方直接顶塑性区形态为矩形,两肩角存在弹性稳定区域,这解释了顶角锚杆轴力和拉伸变形较小、中间锚杆轴力和拉伸变形较大的原因。两帮塑性区呈上宽下窄梯形形态分布,表明煤帮上部破坏深度较大、下部破坏深度较小,这解释了肩角锚杆轴力较大、煤帮上部变形严重而下部变形较小的原因。

(2)侧压系数由1.3增大至1.9,顶板塑性区由直接顶发展至基本顶,塑性区深度增幅较大,底板塑性区亦向深部发展,但增幅较小。随侧压系数增大,两帮塑性区深度变化较小,而巷帮变形增幅较大(图5-9),主要原因是构造应力越大,滑移变形越严重。

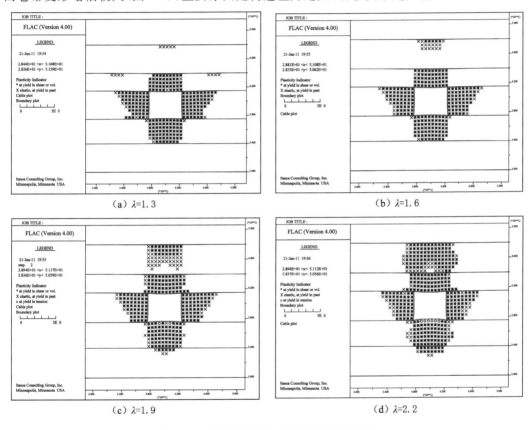

(a) λ=1.3   (b) λ=1.6

(c) λ=1.9   (d) λ=2.2

图 5-10 围岩塑性区分布与侧压系数的关系

5.2 沿煤层顶板掘进巷道肩角锚杆破断机理分析

5.2.1 肩角锚杆杆体破断力学分析

肩角锚杆为煤帮最上部锚杆,向顶板倾斜打设,穿越煤岩层理面,锚固在顶板岩层内。由锚杆杆体的断口破断形态(图5-1)可知,破断处没有明显拉伸变形即发生破断,断口呈斜面剪切形式,而且破断位置恰好位于煤层与直接顶岩层的交界处。因此,可以推断是煤层与直接顶岩层之间滑移错动将锚杆杆体剪断。

数值模拟结果证实了这一点:在较高水平应力作用下,煤帮沿交界面发生滑移错动,如图 5-11 所示。在煤帮滑移的过程中,杆体阻碍了这种层间滑移错动而被剪断。

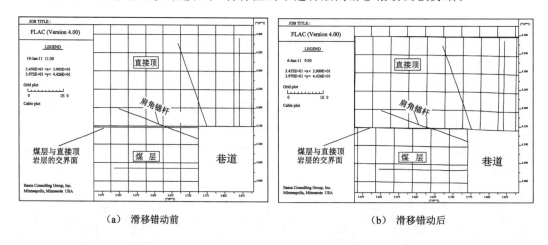

| （a） 滑移错动前 | （b） 滑移错动后 |

图 5-11　煤层与直接顶交界面滑移错动状况

为从根本上解释肩角锚杆杆体的破断,应用材料力学对杆体进行了受力分析。依据破断锚杆[图 5-1(a)]变形形态还原,肩角锚杆变形破断前后形态对比如图 5-12 所示。肩角锚杆杆体受力过程可分为两个阶段:第一个阶段为杆体弯曲变形阶段,在煤帮滑移剪切力作用下,锚杆杆体在层理面附近发生弯曲变形,可看作 A 点固定不动,AB 段弯曲至 AB′;第二个阶段为杆体被剪断阶段,当锚杆弯曲至 AB′后,杆体受力已经恶化,在滑移剪切力进一步作用下,杆体在层理面处被剪断。以下对这两个阶段进行力学分析。

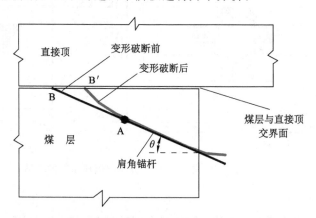

图 5-12　肩角锚杆变形破断前后形态对比

5.2.1.1　杆体弯曲变形阶段力学分析

肩角锚杆杆体弯曲变形阶段,AB 段受力如图 5-13 所示。B 端载荷 q_2 为煤帮沿层理面的滑移剪切力,AB 段则受到由于煤体变形而作用在杆体上的力。由图 5-2 可知,煤帮越往上水平位移越大,杆体受到的挤压力也越往上越大,因而 B 端载荷 q_2 大于 A 端载荷 q_1。为简化计算,假定 AB 段杆体所受载荷呈梯形分布。

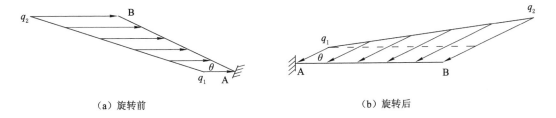

（a）旋转前　　　　　　　　　　　　　　　　（b）旋转后

图 5-13　弯曲变形阶段 AB 段受力

为便于分析,将 AB 段杆体旋转至水平位置[图 5-13(b)],受力分解如图 5-14 所示。

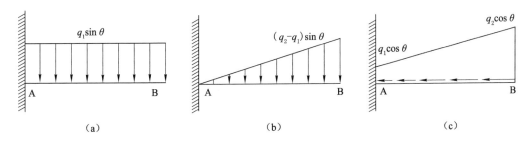

（a）　　　　　　　　　　（b）　　　　　　　　　（c）

图 5-14　弯曲变形阶段 AB 段受力分解

令 $q_1\sin\theta=Q_1$,$(q_2-q_1)\sin\theta=Q_2$,对于图 5-14(a),AB 段挠度方程为:

$$\omega_1(t)=-\frac{Q_1t^2(t^2-4Lt+6L^2)}{24EI} \tag{5-1}$$

式中,t 为杆体某处至 A 端的距离;L 为 AB 段杆体长度;E 为杆体的弹性模量;I 为杆体的横截面对中性轴的惯性矩;EI 为杆体的抗弯刚度。AB 段弯矩方程为:

$$M_1(t)=-\frac{Q_1(L-t)^2}{2} \tag{5-2}$$

对于图 5-14(b),锚杆的弯矩方程为

$$M_2(t)=-\frac{Q_2(L-t)^2(t+2L)}{6L} \tag{5-3}$$

由 $EI\dfrac{\mathrm{d}^2\omega_2(t)}{\mathrm{d}t^2}=M_2(t)$ 以及边界条件 $\omega_{2(t=0)}=0$,$\dfrac{\mathrm{d}\omega_2(t)}{\mathrm{d}t}\bigg|_{(t=0)}=0$,可得挠曲线方程为

$$\omega_2(t)=-\frac{Q_2t^2(t^3-10tL^2+20L^3)}{120EIL} \tag{5-4}$$

对于图 5-14(c),载荷方向沿杆体轴向,在垂直杆体轴向方向不产生挠度,但导致锚杆轴力增大。

因此,AB 段挠曲线方程为:

$$\omega(t)=\omega_1(t)+\omega_2(t)=-\frac{5Q_1t^2L(t^2-4Lt+6L^2)+Q_2t^2(t^3-10tL^2+20L^3)}{120EIL} \tag{5-5}$$

式(5-5)中负号"-"表示挠度方向为垂直杆体 AB 段向右。

为研究杆体 AB 段弯曲形态,可将抗弯刚度 EI 视为常数 1,并令杆体长度 $L=1$,$Q_1=1$,则由式(5-6)可得:

当 $q_2 \colon q_1=1.0$ 时,$Q_2=0$,AB 段挠曲线方程为:

$$\omega_1 = \frac{t^4-4t^3+6t^2}{24}, t \in (0,1) \tag{5-6}$$

当 $q_2 \colon q_1=1.5$ 时,$Q_1=2Q_2$,AB 段挠曲线方程为:

$$\omega_2 = \frac{t^5+10t^4-50t^3+80t^2}{240}, t \in (0,1) \tag{5-7}$$

当 $q_2 \colon q_1=2.0$ 时,$Q_1=Q_2$,AB 段挠曲线方程为:

$$\omega_3 = \frac{t^5+5t^4-30t^3+50t^2}{120}, t \in (0,1) \tag{5-8}$$

当 $q_2 \colon q_1=2.5$ 时,$Q_2=1.5Q_1$,AB 段挠曲线方程为:

$$\omega_4 = \frac{3t^5+10t^4-70t^3+120t^2}{240}, t \in (0,1) \tag{5-9}$$

当 $q_2 \colon q_1=3.0$ 时,$Q_2=2Q_1$,AB 段挠曲线方程为:

$$\omega_5 = \frac{2t^5+5t^4-40t^3+70t^2}{120}, t \in (0,1) \tag{5-10}$$

由式(5-6)～式(5-10)可得,$q_2 \colon q_1$ 等于 1.0、1.5、2.0、2.5、3.0 时的挠曲线如图 5-15 所示,由图可以看出,A 端位移为 0,随着远离 A 端、趋近 B 端,位移越来越大,这与杆体的实际弯曲变形形态一致[图 5-1(a)],而且随着 $q_2 \colon q_1$ 比值的增大,AB 段的弯曲变形程度加大,表明煤层与岩层之间滑移剪切力越大,AB 段弯曲变形越严重。

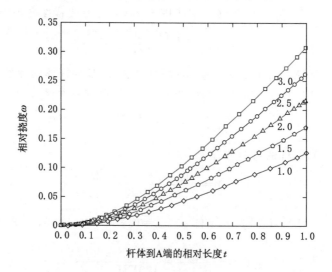

图 5-15　不同 $q_1 \colon q_2$ 比值时杆体挠曲线

杆体发生弯曲变形时,AB 段杆体截面正应力也发生变化。在图 5-14 中,取 y 轴竖直向上,坐标原点为 A 点,则由图 5-14(a)、(b)、(c)产生的截面(取左侧截面)正应力表达式分别为:

$$\sigma_1(t) = -\frac{M_1(t)y}{I_z} = \frac{q_1 \sin\theta(L-t)^2 y}{2I_z} \qquad (5\text{-}11)$$

$$\sigma_2(t) = -\frac{M_2(t)y}{I_z} = \frac{(q_2-q_1)\sin\theta(L-t)^2(t+2L)y}{6LI_z} \qquad (5\text{-}12)$$

$$\sigma_3(t) = -\frac{(L-t)\cos\theta[t(q_2-q_1)+L(q_1+q_2)]}{2LA} \qquad (5\text{-}13)$$

式中，A 为杆体横截面积，m^2；d 为杆体直径，m；拉应力为正值，压应力为负值。

由式(5-11)、式(5-12)、式(5-13)可得，由图 5-14(a)、(b)、(c)产生的截面正应力分布如图 5-16(a)、(b)、(c)所示。

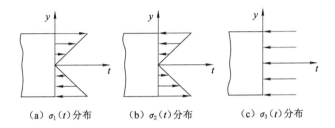

(a) $\sigma_1(t)$ 分布　　　(b) $\sigma_2(t)$ 分布　　　(c) $\sigma_3(t)$ 分布

图 5-16　AB 段杆体截面正应力分布示意图

图 5-16 中，截面的上部为图 5-12 中 AB 段杆体的左侧，下部为右侧。由图 5-16 可知，AB 杆体左侧受到拉应力作用，而右侧受到压应力作用。

AB 段杆体截面上总的正应力大小表达式为：

$$\sigma(t) = \sigma_1(t) + \sigma_2(t) + \sigma_3(t) \qquad (5\text{-}14)$$

由图 5-16 可知，当 $y=d/2$ 时，即锚杆的左侧表面，拉应力最大，其值为：

$$\sigma(t) = \frac{L\left[16q_1\sin\theta(L-t)^2 + \dfrac{6(q_2-q_1)\sin\theta(L-t)^2(t+2L)}{L}\right] - 2d(L-t)\cos\theta[t(q_2-q_1)+L(q_1+q_2)]}{L\pi d^3}$$

$$(5\text{-}15)$$

由式(5-15)可知，构造应力越大，煤帮沿层理面的滑移剪切力 q_2 越大，杆体拉应力越大，而且锚杆与水平方向的夹角越大，AB 段杆体受到的拉应力越大，而且在 A 点($t=0$)拉应力最大。

5.2.1.2　杆体被剪断阶段力学分析

杆体发生弯曲变形后，即杆体 AB 段弯曲变形至 AB′，进入被剪断阶段，此阶段 B′端不再发生位移，即 A、B′端均固定，其受力如图 5-17 所示。此时，假定 AB′段长度为 L'，与水平方向夹角为 β。由于 B′端发生破断，故 B′端载荷 p_2 大于 A 端载荷 p_1。为简化计算，假定 AB′段杆体是直的，且所受载荷呈梯形分布。

为便于分析，将 AB′段杆体旋转至水平位置[图 5-17(b)]，受力分解如图 5-18 所示。

由于图 5-18(c)中的载荷方向沿杆体轴向，在垂直杆体轴向方向不产生剪切力，故只考虑图 5-18(a)、图 5-18(b)中的载荷。

令 $p_1\sin\beta = P_1$，$(p_2-p_1)\sin\beta = P_2$。对于图 5-18(a)，属正对称超静定结构。以 AB′杆体中间线为对称轴，两侧载荷的作用位置、大小和方向都对称，属于对称载荷，而对于杆体内

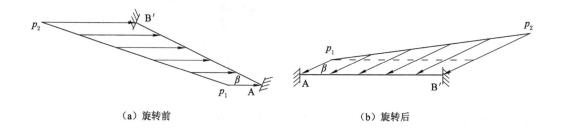

（a）旋转前　　　　　　　　　　　　（b）旋转后

图 5-17　被剪断阶段肩角锚杆 AB 段受力

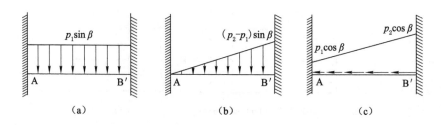

（a）　　　　　　　　（b）　　　　　　　　（c）

图 5-18　被剪断阶段 AB 段受力分解

的剪力,位置和大小是对称的,而方向是反对称的,属于反对称内力。由对称及反对称的性质可知,当对称结构上受对称载荷作用时,在对称截面上,反对称内力等于零。因此,AB′段中间处无剪力。故取一半考虑,则受力分析如图 5-19 所示。

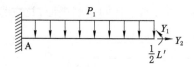

图 5-19　杆体一半的受力分析

由图 5-19 可得杆体上剪力呈线性分布,且 A、B′处剪力最大,均为 $\frac{1}{2}P_1L'$,杆体上剪力分布如图 5-20 所示。

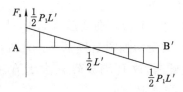

图 5-20　AB′段杆体剪力分布[图 5-18(a)产生]

对于图 5-18(b),采用力法求解,如图 5-21 所示。

对于图 5-21,采用图乘法计算求解。X_1 对应的 $\overline{M}_1 = 0$,X_2、X_3 及 P_2 对应 $\overline{M}_2$、$\overline{M}_3$、M,如图 5-22(a)、(b)、(c)所示,其中图 5-22(c)弯矩方程为:

图 5-21 力法求解受力分析

$$M(x) = -\frac{P_2(L'-x)^2(x+2L')}{6L'} \tag{5-16}$$

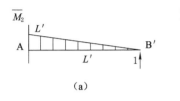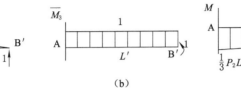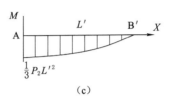

（a）　　　　　　　　　（b）　　　　　　　　　（c）

图 5-22 $\overline{M}_2$、$\overline{M}_3$ 和 M 分布

若 δ_{ij} 表示 X_i 作用点沿着 Y_i 方向由 $\overline{X}_j = 1$ 单独作用时所产生的位移；Δ_{iP_2} 表示 X_i 作用点沿着 X_i 方向由实际载荷单独作用所产生的位移，则

$$\delta_{11}=0, \delta_{12}=\delta_{21}=0, \delta_{13}=\delta_{31}=0, \delta_{22}=\frac{L'^3}{3EI}, \delta_{23}=\delta_{32}=\frac{L'^2}{2EI}, \delta_{33}=\frac{L'}{EI} \tag{5-17}$$

$$\Delta_{1P_2}=0 \tag{5-18}$$

$$\Delta_{2P_2} = \frac{-1}{EI}\int_0^{L'}\left[\frac{P_2(L'-x)^2(x+2L')}{6L'}\right](L'-x)\mathrm{d}x = -\frac{11P_2L'^4}{120EI} \tag{5-19}$$

$$\Delta_{3P_2} = \frac{-1}{EI}\int_0^{L'}\left[\frac{P_2(L'-x)^2(x+2L')}{6L'}\right]\cdot 1\mathrm{d}x = -\frac{P_2L'^3}{8EI} \tag{5-20}$$

固定端无位移、无转角，可得方程组：

$$\begin{cases}\delta_{11}X_1+\delta_{12}X_2+\delta_{13}X_3+\Delta_{1P_2}=0\\ \delta_{21}X_1+\delta_{22}X_2+\delta_{23}X_3+\Delta_{2P_2}=0\\ \delta_{31}X_1+\delta_{32}X_2+\delta_{33}X_3+\Delta_{3P_2}=0\end{cases} \tag{5-21}$$

将式（5-18）~式（5-20）代入式（5-21）中，可得：

$$X_2=\frac{7}{20}P_2L', X_3=-\frac{1}{20}P_2L'^2 \tag{5-22}$$

由 X_2 值及图 5-21，可得剪力方程为：

$$F_s = -\frac{P_2X^2}{2L'}+\frac{3P_2L'}{20} \tag{5-23}$$

由式（5-23）可得杆体上的剪力分布，如图 5-23 所示。

将图 5-18（a）、（b）产生的剪力图 5-19、图 5-22 叠加，即可得杆体上总的剪力分布。由剪力叠加可知：B'处剪力最大。因此，杆体在煤帮与顶板之间层理面处最易被剪断。

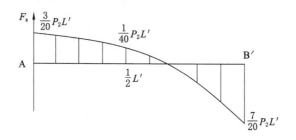

图 5-23 AB′段杆体剪力分布[图 5-18(b)产生]

5.2.2 肩角锚杆锚尾破断分析

5.2.2.1 锚尾破断形态分析

肩角锚杆安装角度为 20°～30°，托盘为偏心托盘，锚尾变形后，尾部上翘，如图 5-24 所示。托盘、螺母、锚尾杆体变形破坏形态如图 5-25 所示。

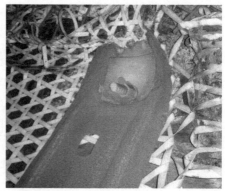

图 5-24 肩角锚杆锚尾变形形态

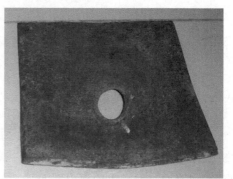

（a）锚尾破断形态　　　　　　　　　（b）托盘变形形态

图 5-25 锚尾变形破坏形态

结合图 5-24、图 5-25、图 5-12 可以看出,锚尾并不是在沿杆体轴向方向的直接拉伸作用下破断的,而是在下侧首先受拉而产生裂纹,裂纹逐渐发展直至发生破断,螺母则由于受压而沿轴向开裂。由图 5-24、图 5-25(b)可以看出,偏心托盘的孔口下侧凹陷,两底角上翘,而孔口上侧变形较小。由此可知,托盘孔口以下受到较大的力的作用,主要原因为:一是偏心托盘自身的结构致使施加预紧力时下部成为着力点,使得下部受力较大而上部受力相对较小(现场将螺母卸掉,发现锚尾已经发生轻微上翘);二是由于肩角锚杆以上部钢带较短而以下钢带长度大(能够对肩角锚杆起到作用的部分),煤帮挤压对钢带产生的偏心载荷使得锚尾上翘。

5.2.2.2　锚尾破断力学分析

为从根本上解释肩角锚杆锚尾的破断,应用材料力学对锚尾进行了受力分析。将钢带、锚尾及螺母等从整体中拿出来进行力学分析。该结构主要受到锚杆轴力、煤帮变形对钢带产生的挤压力及煤帮对钢带的摩擦力等 3 个外力的作用,如图 5-26 所示。

为简化计算,将以肩角锚杆中心点"O"为界的上部钢带(长度为 a)和下部钢带(对肩角锚杆起作用的部分,长度为 b)所受到的煤帮挤压力分别看作均布载荷 q'、q。并假设肩角锚杆轴力为 T,倾角为 θ,摩擦载荷为 f,如图 5-26(a)所示。

由于下部钢带长度大于上部钢带,导致下部挤压力大于上部,锚尾受到偏心载荷作用,以中心点"O"为界,将上、下两端均布载荷简化成集中力,分别为 $q'Sa$、qSb(S 为单位长度钢带的面积),摩擦力为 F,如图 5-25(b)所示。

取锚尾中心点"O"进行受力分析,"O"点在水平合力 Q、杆体拉力 T、摩擦力 F 和偏心载荷所产生力偶矩 M 作用下平衡,如图 5-26(c)所示,图中 $Q = q'Sa + qSb$,$M = S(qb^2 - q'a^2)/2$,$F = fS(a+b)$。

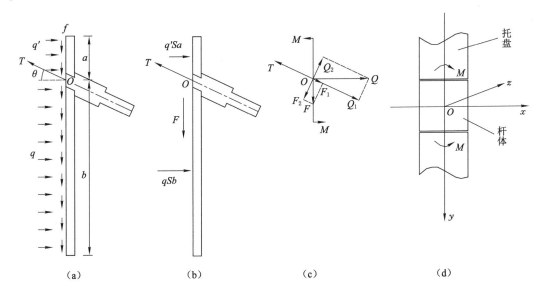

图 5-26　锚尾受力分析

锚尾杆体截面正应力 σ 由两部分组成:一部分由锚杆轴力 T 产生,用 σ_1 表示;一部分由偏心载荷引起的弯矩 M 产生,用 σ_2 表示。

对于锚杆轴力 T 产生的拉应力 σ_1 为：

$$\sigma_1 = \frac{T}{A} = \frac{4T}{\pi d^2} \tag{5-24}$$

式中，A 为杆体横截面积，$\mathrm{m^2}$；d 为杆体直径，m。

对于弯矩 M 引起的截面应力 σ_2，采用坐标系如图 5-26(d)所示，x 轴为杆体轴线方向，y 轴为竖直向下，z 轴为中性轴。σ_2 可表示为：

$$\sigma_2 = \frac{My}{I_z} \tag{5-25}$$

式中，I_z 为横截面对 z 轴(中性轴)的惯性矩，$I_z = \frac{1}{64}\pi d^4$，将 $M = S(qb^2 - q'a^2)/2$ 及惯性矩 I_z 代入式(5-25)可得：

$$\sigma_2 = \frac{My}{I_z} = \frac{32S(qb^2 - q'a^2)y}{\pi d^4} \tag{5-26}$$

锚尾截面正应力为：

$$\sigma = \sigma_1 + \sigma_2 = \frac{4T}{\pi d^4} + \frac{32S(qb^2 - q'a^2)y}{\pi d^4} \tag{5-27}$$

取锚尾左端面，则截面正应力分析如图 5-27 所示。由图 5-27(d)可以看出，锚尾下侧拉应力最大，当此处拉应力超过锚尾抗拉强度后，锚尾即从此处开始产生裂纹。由于锚尾截面拉应力由下至上逐渐减小，致使锚尾杆体并不产生明显拉伸径缩现象，而是由下至上逐渐破坏，形成了弯拉变形导致的斜面断口形态。

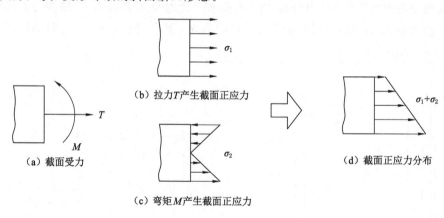

（a）截面受力　　（b）拉力 T 产生截面正应力　　（c）弯矩 M 产生截面正应力　　（d）截面正应力分布

图 5-27　锚尾截面正应力分析

由式(5-27)可知，锚尾下侧所受拉力与锚杆轴力 T、煤体挤压载荷 q、单位长度钢带面积 S、有效作用钢带长度 b 等成正比，而与 $q'a^2$ 成反比。由于肩角锚杆位于煤帮顶端，a 值较难改变，且 $q'a^2$ 与 qb^2 相比，其值较小，对锚尾下侧所受拉力影响较小，故不对其进行讨论。仅讨论 T、q、S、b 等因素。

由 5.2.1.1 小节可知，构造应力越大，肩角锚杆在弯曲变形阶段产生的锚杆轴力 T 越大；构造应力越大，煤帮沿顶板的滑移量也越大，煤帮移近对锚尾支护体产生的挤压载荷 q 也越大，锚尾下侧也越容易发生拉破断。

单位长度钢带面积 S 与钢带宽度有关，保证钢带宽度是实现锚杆支护体系护表作用的重要保证。因此,通过减小钢带宽度来减小锚尾杆体下侧拉应力是不合适的。但可通过减小煤帮最上部两根锚杆的间距来减小有效作用钢带长度 b,进而实现减小锚尾杆体下侧拉应力的目的。

综上所述,锚尾破断的主要原因为:一是构造应力作用下,煤帮沿顶板的剪切力使得杆体弯曲变形而导致锚杆轴力的增大;二是煤体挤压对钢带产生的偏心载荷致使锚尾下侧所受拉力增大。

5.3 厚顶煤巷道破坏失稳机理分析

新巨龙煤矿综放工作面回采巷道走向一般为南北方向,而构造应力方向一般为近东西向,巷道走向与构造应力夹角较大。由 2.4 节可知,巷道走向与构造应力夹角越大,巷道稳定性受构造应力影响越严重。而且,为了满足通风、运输等高产高效综放工作面生产的需要,巷宽较大,一般为 4.5～5.5 m,加剧了厚顶煤巷道失稳的可能性。本节以 1301N 综放工作面生产地质条件为背景,研究了构造应力作用下大断面厚顶煤巷道的破坏失稳机理。

5.3.1 数值模型的建立

1301N 综放工作面回采巷道埋深为 778.6～848.6 m,沿煤层底板掘进,顶煤厚 5 m 左右,顶底板为粉砂岩、细砂岩或粉细砂岩互层,巷道断面尺寸为 4 500 mm×3 620 mm。依据 1301N 综放工作面区段平巷生产地质条件,采用 FLAC³ᴰ 软件建立数值模型。参考地应力测量结果(表 2-2),模型上边界施加上覆岩层自重载荷 20 MPa,侧压系数取 1.7。左、右边界限定 x 方向位移,下边界 x、y 方向位移均限定。材料采用 Mohr-Coulomb 模型,并采用 Interface 命令创建煤岩层之间层理面。岩层力学参数见表 5-2。

表 5-2 厚顶煤巷道数值模型岩层力学参数

岩层	体积模量 K /GPa	剪切模量 G /GPa	密度 d /(kg/m³)	摩擦角 f /(°)	黏结力 C /MPa	抗拉强度 t /MPa	岩层厚度 /m
上覆岩层	7.82	5.84	2 652	22.5	9.00	4.13	30.0
细砂岩	5.87	4.38	2 748	32.0	4.26	4.19	4.2
粉砂岩	3.91	2.92	2 532	30.0	2.70	2.47	3.5
3 煤	2.45	1.57	1 300	28.5	1.00	1.00	8.5
粉砂岩	2.74	1.87	2 000	25.0	3.00	2.70	1.2
粉砂岩	3.91	2.92	2 549	23.0	3.20	2.90	3.5
细砂岩	5.87	4.38	2 748	25.0	3.40	2.06	3.5
下覆岩层	3.91	2.92	2 652	28.0	4.26	4.19	30.0

5.3.2 围岩变形破坏特征分析

巷道宽度为 3.5 m、4.5 m、5.5 m、6.5 m,巷道高度为 3.5 m,5 m 厚顶煤巷道围岩塑性区分布如图 5-28 所示,由图可知深部构造应力作用下厚顶煤巷道围岩塑性区分布特征为:

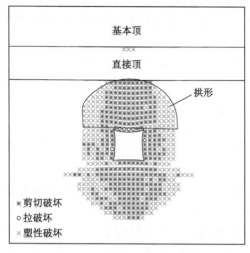

（a）3.5 m

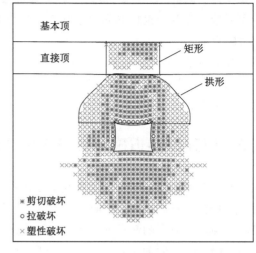

（b）4.5 m

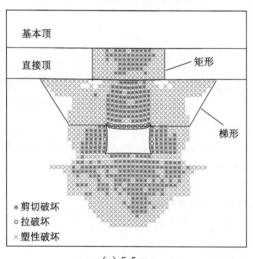

（c）5.5 m

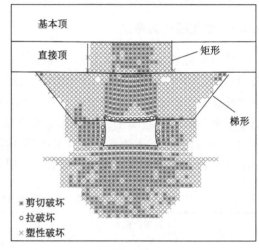

（d）6.5 m

图 5-28　不同巷道宽度围岩塑性区分布

（1）随着巷道宽度的增大，顶底板的塑性区增长较快，而两帮塑性区相对增长较慢，表明构造应力对顶底板影响较大，而对两帮影响较小。但随着巷道宽度增大，两帮的剪破坏和拉破坏区增大。

（2）随着巷道宽度增大，顶板塑性在高度和宽度方向上延伸。巷宽为 3.5 m 时，仅在顶煤内存在塑性区，巷宽增加至 4.5 m 时，塑性区发展至直接顶，巷宽为 5.5 m、6.5 m 时，顶煤和直接顶内的塑性区向两侧延展。

（3）巷宽较小（3.5 m、4.5 m）时，顶煤塑性区呈"拱形"形态；巷宽较大（5.5 m、6.5 m）时，则呈上宽下窄的"倒梯形"塑性区。煤层直接顶塑性区呈"矩形"形态（巷宽 4.5 m、5.5 m、6.5 m），而在两侧却存在肩角稳定区域。

（4）顶煤表面发生拉破坏，深部则发生剪切破坏。从塑性区大小来看，巷道宽度对顶板影响较大,而对两帮和底板影响相对较小。巷宽由 3.5 m 增加至 4.5 m 时,顶板塑性区深度由 5 m 增加至 8.5 m,巷宽由 4.5 m 增加至 6.5 m 时,顶板塑性区高度不再变化,但顶煤上部塑性区宽度由 6.5 m 增加至 22.5 m 时,顶煤破坏范围大大增加,发生冒落失稳的可能性增大。

不同巷道宽度厚顶煤巷道围岩位移随围岩深度变化曲线如图 5-29 所示,由图可知,深部构造应力作用下厚顶煤巷道围岩位移特征为:

(1) 由浅至深顶板垂直位移逐渐减小,按减小速率的不同,可分为急剧衰减区 A、缓和区 B 与基本稳定区 C 等 3 个区域,分别对应于 5.0 m 顶煤、3.5 m 直接顶和 4.2 m 基本顶。巷道宽度越大,顶板位移越大。巷宽为 3.5 m、4.5 m、5.5 m 和 6.5 m 时,顶板下沉量分别为 468 mm、552 mm、627 mm 和 687 mm,与巷宽 3.5 m 相比,后三者增幅分别为 17.9%、34.0% 和 46.8%,增幅较大。

(2) 巷帮水平位移随深度增加逐渐减小,0～3 m 范围内减小速度较快,3 m 以深减小速度趋缓。随着巷道宽度的增大,巷帮水平位移增大,但与顶板垂直位移增幅相比,巷帮水平位移增幅较小,表明巷道宽度对顶板位移影响较大,而对两帮位移影响较小。

(3) 底板垂直位移出现了"零位移点",即在某一深度以内,底板向上鼓起,零位移点以下,底板出现下沉。巷宽为 3.5 m、4.5 m、5.5 m 和 6.5 m 时,零位移点分别在 3.2 m、3.7 m、4.7 m 和 5.2 m 深度处,随巷道宽度增大,"零位移点"逐渐向深部转移,且底鼓量逐渐增大,表明巷道宽度增大加剧了巷道的底鼓。

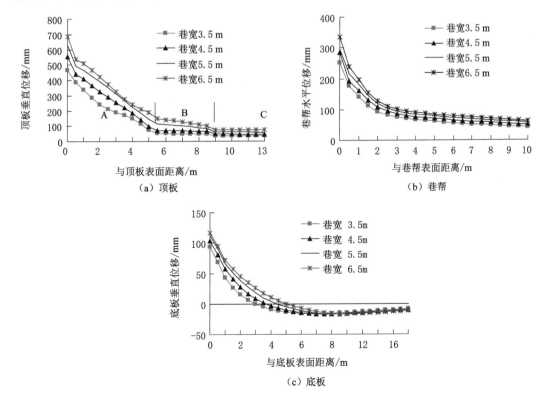

图 5-29 不同巷道宽度围岩位移与围岩深度关系

不同巷道宽度时,顶煤与直接顶之间的滑移量与至巷道中心线距离之间的关系如图 5-30 所示,由图可知层间滑移规律为:

(1) 顶煤中部滑移量最小,以顶煤中部为 0 点,两侧 0～2.5 m 范围内滑移量迅速增大,约在两侧 2.5 m 时滑移量达到峰值,随着向两侧继续延伸,滑移变形量逐渐减小。

(2) 巷道宽度越大,滑移量越大。巷宽为 3.5 m、4.5 m、5.5 m 和 6.5 m 时,滑移量峰值分别为 103 mm、135 mm、166 mm 和 189 mm,可以看出,随着巷宽增大,峰值增长较快,巷宽 6.5 m 是巷宽 3.5 m 峰值的 1.8 倍。

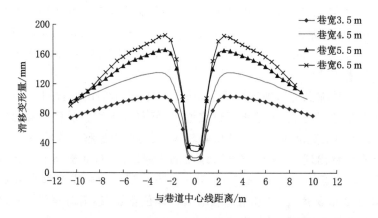

图 5-30　顶煤与直接顶之间层理面滑移曲线

5.3.3　围岩应力分布特征分析

巷道开挖引起围岩应力重新分布,水平应力向顶底板集中,而垂直应力向两帮集中。不同巷道宽度,顶底板水平应力、巷帮垂直应力分布如图 5-31 所示。深部构造应力作用下厚顶煤巷道围岩应力分布特征为:

(1) 顶煤表面水平应力基本为 0,随深度增加水平应力逐渐升高,而直接顶、基本顶水平应力的分布特征为"上下两端低、中间高",其主要原因是层理面附近岩体在滑移剪切作用下破坏较严重而中间岩体破坏程度较小。由基本顶再往顶板深处,则逐渐恢复至原始水平应力。顶煤、直接顶内,随巷宽增大,水平应力降低,表明巷宽越大,顶板破坏越严重;直接顶以深,巷道宽度对水平应力影响较小,水平应力基本相同。

(2) 随深度增加,巷帮垂直应力先升高后降低,直至达到原岩应力。不同巷道宽度,巷帮浅部的垂直应力基本相同,垂直应力峰值大小和位置略有差别,峰值约为 36 MPa,峰值深度约为 4 m。

(3) 底板表面水平应力较大,随深度增加,水平应力先升高后降低,直至达到原岩应力。底板浅部,巷宽越大,水平应力越低,超过峰值深度以后,巷宽越大,水平应力越高,但随深度增加,水平应力趋于相同。巷宽为 3.5 m、4.5 m、5.5 m 和 6.5 m 时,其峰值位置深度分别为 5.7 m、7.2 m、7.7 m 和 8.2 m,峰值位置随巷宽增大向深部转移。

(4) 相比较而言,巷道宽度对顶底板应力分布影响较大,而对巷帮应力分布影响较小。巷宽越大,顶底板破坏越严重,应力越低。

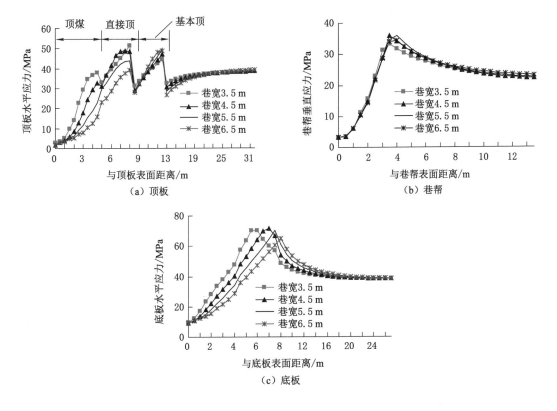

图 5-31 不同巷道宽度围岩应力与围岩深度关系

5.3.4 围岩破坏失稳机制分析

由以上分析可知,顶煤的变形破坏程度大于两帮,顶煤是深部构造应力作用下厚顶煤巷道围岩控制的关键部位。根据数值模拟结果,结合深部巷道围岩应力特点、围岩结构及其力学性质,可以得出厚顶煤巷道破坏失稳机理。

(1)顶煤的冒落拱作用机制

巷道宽度较小时,顶煤的变形破坏特点与普氏平衡拱理论一致。深部开采条件下,掘巷后,围岩表面应力解除,浅部顶煤处于低围压和高应力差环境,造成浅部煤体迅速破坏,如不及时控制则向顶煤深部发展而形成松散冒落拱。由冒落拱理论[39](俄罗斯矿区库兹巴斯矿区锚杆设计方法),顶煤松动区外轮廓近似呈抛物线形,巷帮的破坏深度为[39]:

$$W = \left(\frac{K_{cx} \gamma H B}{1\,000 f} - 1 \right) h \cdot \tan \frac{90° - \varphi}{2} \tag{5-28}$$

式中　K_{cx}——巷道周边挤压应力集中系数;

　　　γ——巷道上方覆岩平均重力密度,kN/m³;

　　　H——巷道埋深,m;

　　　B——表征采动影响程度的无因次参数;

　　　f——煤层的硬度系数;

　　　h——巷道高度,m;

φ——煤层的内摩擦角,(°)。

顶煤的松动高度为[39]:

$$b=\frac{(a+W)\cos\alpha}{K_y f_n} \tag{5-29}$$

式中 a——巷道的半跨距,m;

W——巷帮的破坏深度,m;

α——煤层倾角,(°);

K_y——顶板岩层稳定性系数;

f_n——锚固岩层的硬度系数。

由式(5-28)、式(5-29)可知,顶煤的破坏范围与埋深、巷道宽度密切相关,巷道埋深越大,巷道宽度越大,顶煤的松动高度和宽度越大。

(2)层理面剪切作用机制

构造应力作用下,顶煤与直接顶之间的层理面易于发生剪切破坏(见3.4节)。而且随巷宽的加大(5.5 m、6.5 m),顶板(煤)破坏范围的增大导致顶煤下沉量增大,促使顶煤由两侧向中部产生附加水平应力。在构造应力以及顶煤下沉产生的附加水平应力作用下,顶煤和直接顶之间的层理面发生剪切破坏,并导致其附近煤体破坏,从而使顶煤形成"倒梯形"塑性区,肩角不稳定区域增大,甚至发生垮冒失稳。

以巷宽6.5 m为例,"倒梯形"塑性区的形成过程如图5-32所示。200时步时,顶煤塑性区形成"拱形"形态,随着时间的推移,到300时步时,直接顶岩层开始在中部产生塑性区,400时步时,顶煤与直接顶之间的层理面附近的煤体开始出现破坏,并随着时间推移向深部发展,500时步时,顶煤则基本形成"倒梯形"塑性区,达到平衡后,则如图5-32(d)所示。可见,层理面对顶煤"倒梯形"塑性区的形成具有控制作用。

(3)水平应力作用机制

顶煤表面垂直应力几乎为零,而水平应力相对较高,使得水平应力与垂直应力的差值较

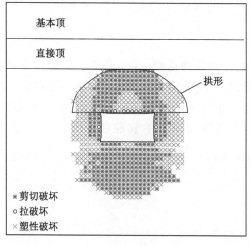

(a) 200时步　　　　　　(b) 300时步

图5-32　塑性区演化过程(巷宽6.5 m)

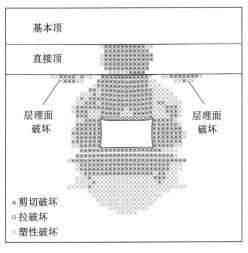

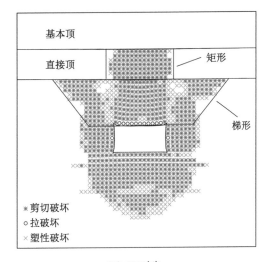

（c）400时步　　　　　　　　　　　　（d）500时步

图 5-32　（续）

大,在这种应力状态下顶煤易于发生拉破坏或剪破坏。巷道宽度加大时,顶煤弯曲下沉量增大,次生水平应力增长,更易导致顶板中部发生拉破坏。随着进入顶煤深部,两者比值减小,其破坏形式变为剪切破坏。由图 5-27 可以看出,在肩角位置顶、帮均出现了剪切破坏,该处剪切破坏的发生易于引起冒顶。

5.4　本章小结

本章结合新巨龙煤矿"沿煤层顶板掘进巷道、厚顶煤巷道"两类厚煤层巷道支护工程实例,建立了数值计算模型、肩角锚杆力学分析模型,研究了深部构造应力作用下厚煤层巷道围岩和支护结构破坏失稳机制,主要结论为：

（1）深部构造应力作用下沿煤层顶板掘进巷道围岩破坏机制:煤帮强度较小,而顶板强度较大、煤层与顶板之间层理面抗剪能力较弱,在构造应力作用下,煤帮沿顶板层理面滑移,煤帮塑性区亦沿层理向深部发展,使得肩角煤体不稳定区域增大;两帮塑性区呈"上宽下窄"梯形形态分布,表明煤帮上部破坏深度较大、下部破坏深度较小,致使肩角锚杆轴力较大、煤帮上部变形严重而下部变形较小。

（2）深部构造应力作用下沿煤层顶板掘进巷道锚杆载荷分布规律:顶板锚杆从两侧数第 2 根锚杆的轴力最大,顶角锚杆的轴力最小;肩角锚杆、底角锚杆自由段的轴力较大,煤帮沿顶、底板的滑移变形是主要原因;随着构造应力(侧压系数)的增大,锚杆轴力增大,肩角锚杆和顶板第 2 根锚杆轴力增大更显著:当侧压系数由 1.3 增大到 2.2 时,两者轴力分别增加了 37.1 kN 和 17.2 kN,增幅分别为 35.8%、33.9%。可以看出,构造应力越大,锚杆发生破断的概率越大。

（3）深部构造应力作用下沿煤层顶板掘进巷道肩角锚杆的破断机制:杆体破断的主要原因是:在煤帮沿顶板层理面的滑移剪切力作用下,层理面附近的杆体发生弯曲变形,并且在层理面处受到的剪切力最大,而使得锚杆在层理面处易被剪断;锚尾破断的主要原因:一是杆体弯曲变形导致的锚尾轴力的增大,而且肩角锚杆倾角越大,锚尾轴力越大;二是煤体变形支护体系产生的偏心载荷致使锚尾下侧所受拉力增大。构造应力越大,肩角锚杆受力越大,支护结构的可靠性越低。

（4）深部构造应力作用下厚顶煤巷道围岩破坏失稳机制:巷宽较小时,顶煤塑性区呈"拱形",巷宽较大时,在构造应力及顶煤下沉产生的附加水平应力作用下,顶煤和直接顶之间的层理面发生剪切破坏,并引起其附近煤体破坏,促使顶煤形成"倒梯形"塑性区,顶煤不稳定区域增大,甚至导致顶煤垮冒失稳。

6　深部构造应力作用下
厚煤层巷道围岩稳定控制研究

在深部构造应力作用下,厚煤层巷道围岩破裂区、塑性区显著增大,层理面附近煤岩体的滑移及剪切破坏更加剧了围岩变形和锚固体破坏,巷道围岩控制难度极大。本章基于深部构造应力作用下厚煤层巷道围岩及支护体的破坏失稳机理,提出了该类巷道围岩稳定控制原则,采用理论分析、数值模拟方法,分析了锚杆支护作用机理,研究提出了沿煤层顶板掘进巷道、厚顶煤巷道两类厚煤层巷道围岩稳定原理:针对沿煤层顶板掘进巷道"煤帮滑移变形大、肩角锚杆破断"等问题,研究了"控让耦合支护"围岩控制原理;针对厚顶煤巷道"倒梯形"塑性区问题,研究了"顶煤斜拉锚索梁支护与肩角煤体加强支护"围岩控制原理。

6.1　深部构造应力作用下厚煤层巷道围岩稳定控制原则

针对深部构造应力作用下厚煤层巷道围岩及支护体系的变形破坏机制,结合工程实践经验,提出深部构造应力作用下厚煤层巷道围岩稳定控制原则:

(1)支护设计时,要考虑巷道的服务年限和使用要求,尽可能一次支护即实现巷道围岩稳定。深部构造应力作用下厚煤层巷道若采用二次支护或多次支护理念,一次支护强度较小或者让压过度,就会造成围岩强度损失较大,后期支护就难以使围岩达到稳定状态。

(2)采用"高强、高预紧力"锚杆支护为主的支护体系,并适当增加锚杆长度以保证锚固体的厚度,及时控制围岩的早期变形与破坏,抑制高应力作用下围岩破碎区、塑性区向深部发展,保证巷道围岩的完整性,充分发挥围岩自身的承载能力。

(3)对于煤帮沿层理面的滑移,采用"让"的支护方式,避免支护体系破坏,而对于滑移引起的较大塑性区,则采用"控"的支护方式;对于未与巷道连通的层理面的滑移则采取"控"的支护方式,避免滑移引起的不稳定区域扩大,如顶煤与直接顶之间层理面滑移剪切作用下形成"倒梯形"塑性区。

(4)采用预应力锚索支护技术,进一步提高支护体系的预紧力水平,加强对浅部围岩挤压加固作用,同时加大围岩锚固范围,减小锚杆锚固区外围岩的变形和离层。构造应力作用下巷道顶板破坏范围大,厚顶煤巷道顶板的破坏范围更大,更需要锚索作为加强支护手段,加大对顶板的控制范围。

(5)加强关键部位支护,避免围岩局部破坏而导致巷道失稳,并保证支护结构的可靠性。深部构造应力作用下,厚煤层巷道肩角煤体变形破坏严重,肩角的支护结构可靠性也低,而肩角煤体稳定性关系到顶板和两帮的稳定。因此,既要加强肩角煤体支护,又要避免支护失效。

6.2 锚杆与围岩相互作用分析

6.2.1 锚杆支护基本作用分析

（1）锚杆支护轴向作用

深部构造应力作用下厚煤层巷道开掘后的低围压、高应力差将促使围岩向破坏失稳方向发展，因此浅部围岩处于松动破裂阶段的残余强度状态。锚杆轴向作用可提高锚固体围压，围压的增大则可显著提高围岩残余强度[132-135]，陈庆敏等采用岩石力学试验机测得泥岩试件的残余强度与围压的关系[132]，如图 6-1 所示。

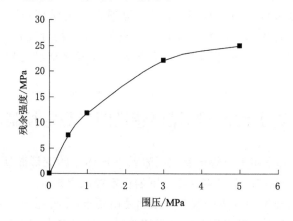

图 6-1　岩石残余强度与围压关系[132]

增加围压可以通过提高锚杆的抗拉强度或减小锚杆间排距来实现，但从提高掘进速度、降低支护成本考虑，提高锚杆的抗拉强度更为有利。因此，深部构造应力作用下厚煤层巷道应采用高强甚至超高强、直径较大的锚杆。

（2）锚杆支护横向作用

巷道顶板多为层状分布，当顶板为煤层或软弱岩层时，不仅层理发育，而且内部裂隙弱面较多。在构造应力作用下，软弱顶板易于发生滑移错动等剪切破坏，巷帮煤体亦会产生垂直或斜切杆体的剪切破坏[124,136]，如图 6-2 所示。围岩的剪切错动作用于杆体即形成对杆体的横向作用力，锚杆则会产生限制围岩剪切错动的横向或切向锚固力。

在提高围岩抗剪强度方面，锚杆支护的作用有三点[97,137]：① 通过轴向力提高锚杆杆体所穿过弱面的法向力，从而增大弱面间的摩擦阻力；② 杆体本身具有的限制围岩沿弱面滑动的抗剪能力；③ 当锚杆倾斜穿过节理、层理及裂隙等弱面时，通过锚杆轴力产生的阻止煤岩体错动的切向约束力。从上述 3 个方面可以看出，提高锚杆的轴向应力和横截面的抗剪能力，可以增大围岩的抗剪强度。因此，从减小巷道围岩剪切破坏的角度出发，也应采用抗拉、抗剪强度较大，即高强材质且直径较大的锚杆。

（3）锚杆支护加固作用

锚杆支护可提高峰值前锚固体的黏结力 c、内摩擦角 φ 以及残余强度阶段的黏结力 c^*、内摩擦角 φ^*，锚固体力学性质的改善，使得锚固体峰值强度、残余强度均有提高[39]：

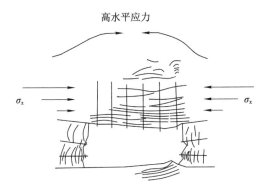

图 6-2 构造应力作用巷道围岩的剪切破坏[124,136]

$$\sigma_1 = 0.4 + 15.89\sigma_3^m + 2c \cdot \tan(45° + \varphi/2) \tag{6-1}$$

$$\sigma_1^* = 0.4 + 26.4\sigma_3^m + 2c^* \cdot \tan(45° + \varphi^*/2) \tag{6-2}$$

式中 σ_3^m ——锚杆支护强度,MPa。

由式(6-1)、式(6-2)可知,锚固体峰值强度、残余强度随锚杆支护引起的 c、φ、c^*、φ^* 的增大而提高,且随 σ_3^m 增加,两者提高幅度较大,比例系数分别为 15.89、26.4,锚固体强度得到显著强化。

6.2.2 高预紧力锚杆支护对围岩的控制作用分析

煤矿巷道支护实践表明,预应力锚杆支护技术可有效改善高水平应力作用巷道的围岩稳定性。高预紧力锚杆支护对围岩的控制作用为[76-79,95-96,138-141]:

(1)提高初期支护刚度,减小围岩早期变形与破坏

未施加预紧力的锚杆支护并非真正的主动及时支护,在支护工程中经常发现:巷道变形量较大,甚至出现垮冒,而锚杆受力却仍然较小;对于松软煤层巷道,有时围岩变形达到 100~200 mm 时,锚杆才开始起作用。由此可见,普通锚杆支护的初期支护阻力较小,对围岩的变形控制滞后时间较长,使得围岩承载能力丧失较大,导致围岩变形量较大。一般认为,锚杆预应力低于其屈服强度的 30% 时为低主动支护,30%~45% 时为中主动支护,只有达到 45% 以上时才属于高预紧力主动支护。高预紧力锚杆支护具有较高的初期支护阻力,可及时提供围压,改善锚固体力学性质,从而有效减小围岩的早期变形,并阻止破碎区、塑性区向深部发展。

(2)使层状顶板处于"刚性梁"状态[141],阻止破坏向深部发展

锚杆预紧力达到一定值时,可使顶板岩层处于预应力"刚性梁"状态。预应力刚性梁可有效阻止水平应力作用顶板的下向弯曲变形,还可大大提高顶板锚固体的初期抗剪刚度,减小顶板的剪切破坏,提高围岩自身的承载能力,使围岩成为承载结构,阻止破坏向深部发展。而预紧力较低时,即使能够形成支护密度较大的"刚性梁",在锚杆起作用之前,顶板已有较大下沉和离层,锚杆成为被动承载结构,存在"分次承载、各个击破"的问题,最终结果是支护失效、巷道失稳。预应力刚性梁不仅可以改善顶板维护状况,还可以改善两帮维护状况。形成预应力刚性梁后,顶板的垂直压力可以转移到煤帮深部,进而可以减小煤帮浅部压力,减小煤帮的变形破坏程度。

（3）实现高阻让压，提高锚杆的支护效能

锚杆初锚力对其工作阻力影响很大，初锚力较低时，工作阻力一般也较小，锚杆的支护能力难以有效发挥，而采用高预紧力锚杆支护可显著改善这种状况。随着预紧力的提高，增阻速度加快，工作阻力也加大。由此可知，预紧力越高，锚杆的支护能力发挥得越充分，即高预紧力可以提高锚杆的支护效能。锚杆在保持较高支护阻力的同时，还因具有较大的延伸率而对围岩的较大变形起到让压作用。锚杆支护的高阻让压作用不仅可以提高围岩的承载能力，而且可以减小围岩的较大变形对锚杆支护结构的破坏作用，提高支护系统的可靠性。

综上所示，高预紧力锚杆支护可真正实现主动支护，改善围岩应力状态，提高围岩强度，限制破裂区、塑性区向深部发展，且能适应围岩的较大变形，从而可提高围岩稳定性和支护结构可靠性。研究表明，合理的预紧力及其有效扩散对巷道支护效果具有决定性作用。因此，在工程实践中应合理确定预紧力的大小，并注重托盘、钢带及金属网对预应力的扩散重要。

6.2.3　高支护强度锚杆支护对围岩的控制作用分析

单位面积围岩上作用的支护阻力称为支护强度。支护强度是决定围岩稳定程度的重要支护参数之一。锚杆支护不仅可以提供轴向支护阻力，而且可以通过横向作用增加围岩的抗剪能力，提高围岩的黏结力和内摩擦角等力学参数。而棚式支护仅对围岩表面提供支护阻力，而且由于架后间隙的存在，这种支护阻力具有明显的滞后性。因此，即使是相同的支护强度，锚杆对围岩的控制效果要明显优于棚式支护。

6.2.3.1　支护强度 P 与围岩变形 U 的关系

国内外研究表明，支护强度 P 与围岩变形量 U 呈负指数关系，如图 6-3 所示。在一定范围内，通过提高围岩的支护强度可显著减小围岩的变形量，而达到某值以后，再提高支护强度对围岩的变形量影响不大，该值即为临界支护强度。支护强度与围岩变形的定量关系（P-U）与围岩强度、围岩应力（与埋深、构造应力等因素有关）密切相关。

（1）围岩强度对 P-U 关系的影响

淮南、铁法、平顶山等矿区，经过现场实测，并结合相似模拟，得出不同围岩强度下支护强度与围岩变形的关系[142-143]，如图 6-4 所示。岩性越弱，围岩变形对支护强度越敏感，随着支护强度的提高，围岩变形迅速减小，对于软岩、极软岩巷道，支护强度达到 0.3 MPa 后，再增加支护强度，围岩控制效果改善不大。锚杆支护提供的支护强度一般在 0.3 MPa 以下，与围岩残余强度相比，相差非常大。因此，锚杆支护的作用并不是发挥其自身的承载能力，而是通过锚杆的支护作用提高围岩的承载能力。

（2）巷道埋深对 P-U 关系的影响

在巷道周边围岩发生破裂的情况下，英国学者布朗得出圆形巷道径向位移与支护强度的幂函数关系式[144]：

$$U = -\frac{(q-P_i)}{G(1+f)}\left[\frac{(f-1)}{2}+\left(\frac{R_e}{r}\right)^{1+f}\right]r \tag{6-3}$$

$$R_e = R_0\left[\frac{2P_i-c}{(1+b)P_i}\right]^{1/(d-1)} \tag{6-4}$$

式中　R_e——巷道围岩破裂区半径，m；

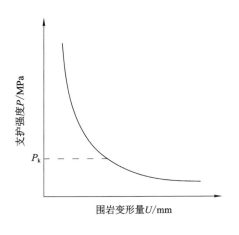

图 6-3　*P-U* 的负指数关系

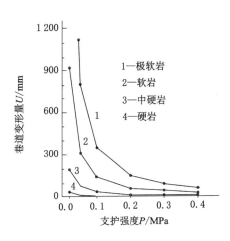

图 6-4　围岩强度对 *P-U* 关系的影响[142-143]

r——巷道围岩任一点处的半径,m;

U——巷道周边径向位移,m;

q——巷道围岩压力,MPa;

P_i——支护强度,MPa;

R_0——圆形巷道半径,m;

G——弹性模量,MPa;

c——黏结力,MPa;

b、d、f——系数。

按照布朗提出的 *P-U* 关系式,讨论不同深度对 *P-U* 关系的影响。取 $R_0=3$ m,$G=2\ 000$ MPa,$c=2$ MPa,$b=6$,$d=4$,$f=2$,埋深 200 m、400 m、600 m、800 m 的巷道围岩压力按覆岩自重计算,分别取 5 MPa、10 MPa、15 MPa 和 20 MPa,可得不同埋深巷道的 *P-U* 关系,如图 6-5 所示。

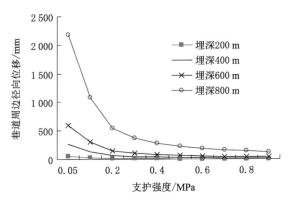

图 6-5　巷道埋深对 *P-U* 关系的影响

由图 6-5 可知,埋深较浅时,巷道变形量较小,对支护强度也不敏感;当支护强度在 0～0.3 MPa 之间变化时,随着埋深的增大,巷道变形对支护强度的敏感性也越来越强;埋深为 800 m 时,支护强度由 0.05 MPa 增加至 0.1 MPa 时,巷道变形量减小达 1 000 mm 以上,但是支护强度超过 0.3 MPa 以后,再增加支护强度,巷道变形量减小不明显。

(3)构造应力对 P-U 关系的影响

在非对称载荷作用下,圆形巷道的力学分析较为困难,一般要经过各种简化,才能得到近似解。依据文献[145],非对称载荷作用下圆形巷道围岩位移计算式为:

$$u_0 = R_0 M(\sqrt{\lambda}\cos^2\theta + \sin^2\theta)\alpha^{1+\eta_1}\beta^{1+\eta_2} \tag{6-5}$$

式中,λ 表示侧压系数;θ 表示极坐标下的方位角;其余为与岩体力学性质、支护反力等相关的参数。

由式(6-5)得到埋深为 1 000 m(垂直应力取 20 MPa)、不同侧压系数下支护强度与巷道变形量的关系,如图 6-6 所示。

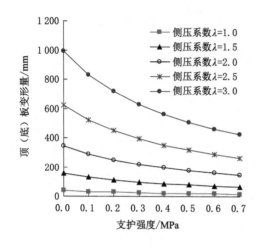
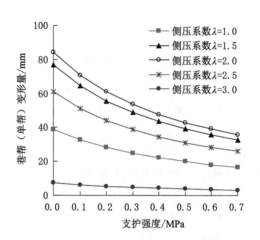

图 6-6 构造应力对 P-U 关系的影响

由图 6-6 可以看出,构造应力对顶板、底板的变形量影响较大,构造应力越大,巷道变形量越大,对支护强度也越敏感,尤其是支护强度小于 0.3 MPa 时,随着支护强度的提高,巷道变形量明显减小。相对顶底板变形量而言,构造应力对两帮的变形量影响较小,不同侧压系数下,两帮的 P-U 关系趋势基本相同,即随着支护强度的增大,巷道变形量逐渐减小,而减小幅度逐渐趋于平缓。

6.2.3.2 支护强度 P 与围岩破坏深度 R 的关系

(1)巷道埋深对 P-R 关系的影响

坚硬围岩条件下,巷道围岩可看成理想弹塑性介质,利用摩尔-库伦强度准则,按照轴对称平面应变问题求解,可得圆形巷道塑性区半径计算式:

$$R_p = R_0\left[\frac{(P_0 + c\cot\varphi)(1-\sin\varphi)}{(P_i + c\cot\varphi)}\right]^{\frac{1-\sin\varphi}{2\sin\varphi}} \tag{6-6}$$

式中,各参数意义同上。

由式(6-6)可知,围岩较坚硬时,黏结力 c 大于 1 MPa,内摩擦角 φ 一般小于 45°,$\cot\varphi$ 值也大于 1,而支护强度一般在 0~0.3 MPa 之间。因此,$c\cot\varphi$ 远大于 P_i,支护强度对围岩塑性区的影响就非常小。

围岩较为松软破碎时,巷道开挖后即会产生破裂区,按照布朗提出的计算式(6-4),

式中参数取值与上同,可得破坏区半径 R 与支护强度 P 的关系,如图 6-7 所示。

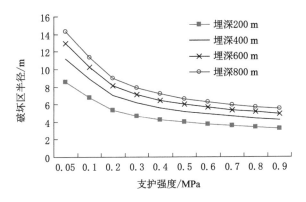

图 6-7 埋深对 P-R 关系的影响

由图 6-7 可知,随埋深增大,围岩破裂区半径增大,但破裂区半径随支护强度的变化趋势基本相同:支护强度小于 0.3 MPa 时,破裂区半径对支护强度较敏感,随着支护强度的提高,破裂区半径减小幅度较大,而当支护强度大于 0.3 MPa 时,随支护强度的提高,破裂区半径减小幅度趋缓。

(2) 构造应力对 P-R 关系的影响

依据文献[145]中的非轴对称圆形巷道围岩弹塑性解析解,塑性区半径计算式为:

$$R_{\mathrm{p}}=R_0\left[\frac{(K-1)V}{(K-1)P_i+\sigma_{\mathrm{cs}}}\right]^{\frac{1}{K-1}} \tag{6-7}$$

式中,σ_{cs} 表示岩体残余抗压强度,MPa;K、V 为岩体力学性质、支护反力等相关的参数;其余参数意义同上。

依据式(6-7)得到埋深为 1 000 m(垂直应力取 20 MPa)、不同侧压系数下支护强度与塑性区半径的关系,如图 6-8 所示。由图 6-8 可以看出,不同侧压系数下,P-R 关系趋势基本相同,即随着支护强度的增大,塑性区半径逐渐减小,但减小幅度逐渐趋于平缓,说明支护强度增加到一定值以后,围岩的破坏范围对其不再敏感。

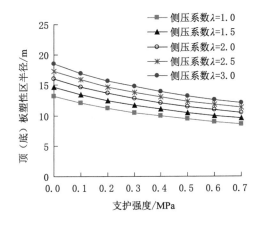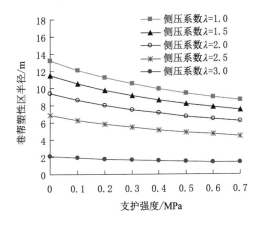

图 6-8 构造应力对 P-R 关系的影响

综上所述,埋深越大、构造应力越大、岩性越弱,巷道围岩变形破坏程度对支护强度越敏感,尤其当支护强度在 0～0.3 MPa 之间变化时,随着支护强度的增大,围岩变形量及破坏深度均明显减小,但支护强度超过 0.3 MPa 以后,再增加支护强度,围岩变形及破坏深度减小不再明显。

6.3 深部构造应力作用下厚煤层巷道锚杆支护作用机制

深部构造应力作用下厚煤层巷道虽然围岩破碎区、塑性区较大,但由于锚杆支护及时参与了围岩变形破坏的发展过程,使得围岩能够趋于稳定。以新巨龙煤矿 1301N 综放工作面回采巷道生产地质条件为背景,采用数值模拟方法,研究深部构造应力作用下厚煤层巷道锚杆支护作用机制。巷道开挖后,0～4 m 范围内的围岩应力变化一般较显著,故在巷道的顶板及巷帮 1 m、2 m、3 m、4 m 深处设置测点监测其应力变化。数值计算结果表明,深部构造应力作用下厚煤层巷道锚杆支护作用机制为:

(1) 及时参与围岩应力调整过程,减小围岩应力降低速度

无支护、锚杆支护条件下,顶板及两帮应力随时间的演化过程如图 6-9、图 6-10 所示。可以看出,在锚杆支护条件下,同一深度围岩的应力水平普遍高于无支护。在巷道围岩应力平衡后,1 m、2 m 深处的围岩垂直应力、水平应力均低于原岩应力,表明 0～2 m 范围内围岩出现了破坏,应力向深部围岩转移;对于 3 m、4 m 深处的围岩应力,实施锚杆支护后,顶板水平应力和两帮垂直应力则出现了高于原岩应力的情况,表明实施锚杆支护后围岩承载能力有所提高。

无支护条件下,顶板及两帮垂直应力、水平应力经过 1 000 时步即降低至残余应力;锚杆支护条件下,两帮经过约 2 000 时步降低至残余应力,顶板垂直应力、水平应力经过约 4 000 时步才降低至残余应力。与无支护相比,采用锚杆支护后,围岩应力降低速度大大减缓。由此可知,锚杆支护及时参与了围岩的应力调整过程,减缓了围岩应力的衰减速度,阻止了围岩早期有害变形的发展。

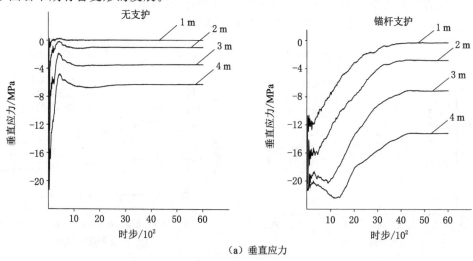

(a) 垂直应力

图 6-9 顶板不同深度应力演化过程

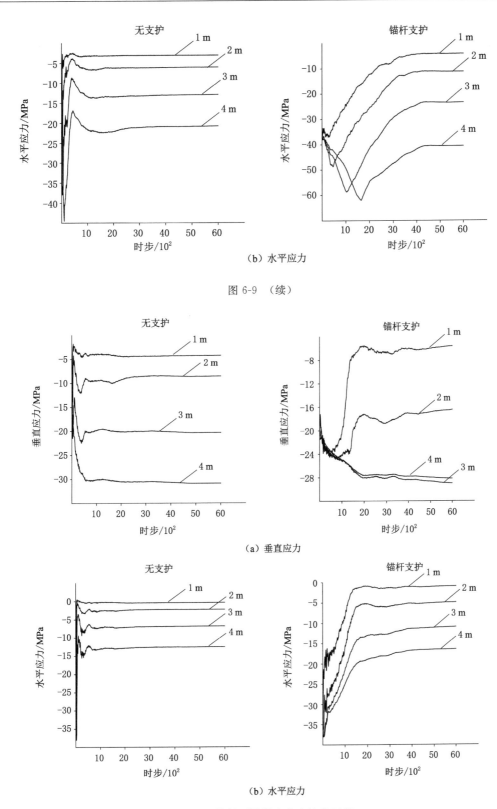

（b）水平应力

图 6-9 （续）

（a）垂直应力

（b）水平应力

图 6-10 煤帮不同深度应力演化过程

（2）及时控制围岩变形，减小围岩变形速度

无支护、锚杆支护时，顶板及巷帮位移随时间的演化曲线如图 6-11、图 6-12 所示。无支护时，巷道开挖后瞬间围岩变形即开始迅速增长，尤其在 1 000 时步以内时增长最为迅速，1 000 时步以内，顶板及两帮 1 m、2 m、3 m、4 m 深度围岩位移占总位移的 77％～84％。而锚杆支护时，围岩变形速度明显减缓，1 000 时步以内，顶板、两帮 1 m、2 m、3 m、4 m 深度围岩位移所占总位移的比重非常小，至 4 000 时步时，围岩位移才趋于稳定。而且，与无支护相比，锚杆支护巷道围岩变形量大大减小，减小幅度达 45％。由此可知，锚杆支护减小了围岩变形速度，及时控制了围岩变形。

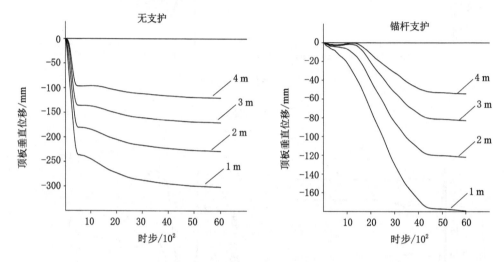

图 6-11　顶板不同深度垂直位移演化过程

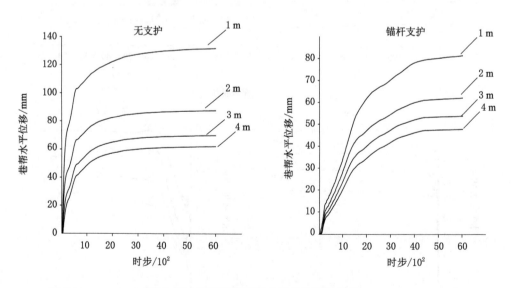

图 6-12　巷帮不同深度水平位移演化过程

（3）提高围岩峰值强度，阻止围岩破坏向深部发展，限制应力峰值向深部转移

随着围岩变形破坏的发展，围岩应力由浅部向深部转移：浅部围岩破坏后，应力出现降

低并向深处转移且产生应力集中,当再次达到岩体极限强度时,围岩发生破坏,应力继续向深部转移,直至应力集中程度达不到岩体的极限强度。巷道开挖后,水平应力向顶板集中,而垂直应力向两帮集中,故从顶板水平应力分布、两帮的垂直应力分布的角度研究应力转移过程。

图 6-13 为无支护和锚杆支护时应力峰值与围岩深度的对应关系。无支护和锚杆支护时,顶板水平应力峰值深度分别为 5 m、8 m,两帮垂直应力峰值深度分别为 2.5 m、3.5 m。与无支护相比,锚杆支护条件下围岩应力的峰值深度较小,且应力集中程度较小。主要原因在于:锚杆支护提高了围岩强度,阻止了围岩破坏向深部发展,从而限制了围岩应力峰值向深部转移,并减小了应力集中程度。

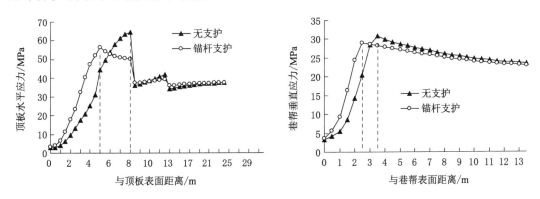

图 6-13 锚杆支护对应力峰值位置的影响

(4) 提高围岩残余强度,充分发挥围岩自身承载能力

一般而言,深部高构造应力作用下巷道 0～2 m 范围内围岩将出现破坏而处于残余强度状态。对于顶板,垂直应力相当于围压,水平应力相当于残余强度;对于两帮,水平应力相当于围压,垂直应力相当于残余强度。图 6-14、图 6-15 为顶板及两帮 1 m、2 m 深度的围岩应力状态的变化对比。由图 6-14、图 6-15 可知,实施锚杆支护后,顶板、两帮的围压增大,残余强度也得到较大提高。对于顶板,实施锚杆支护后,1 m、2 m 深处围压由 0.1 MPa、1.0 MPa 升高至 0.3 MPa、2.8 MPa,由于低围压时,岩体残余强度对围压较敏感,较小的围压即可引起较大残余强度的增长,其残余强度由 3.1 MPa、6.1 MPa 提高至 4.1 MPa、11.2 MPa,增幅达 32.3%、83.6%。对于两帮,实施锚杆支护后,1 m、2 m 深处围压由0.3 MPa、2.2 MPa 升高至 0.9 MPa、4.8 MPa,其残余强度由 4.2 MPa、8.6 MPa 提高至5.6 MPa、16.5 MPa,增幅达 33.3%、91.9%。

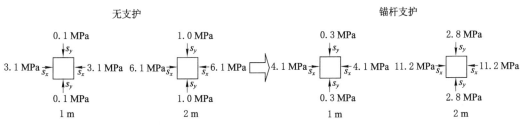

图 6-14 顶板不同深度应力状态变化

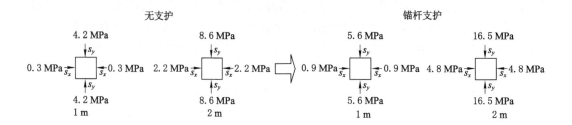

图 6-15　两帮不同深度应力状态变化

与无支护相比,锚杆支护围岩的残余强度均得到一定程度的提高,如图 6-16 所示。围岩残余强度的提高使得围岩能够充分发挥自身的承载能力,从而也可避免锚杆被动承载,显著提高围岩稳定性和支护结构的可靠性。

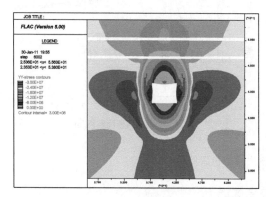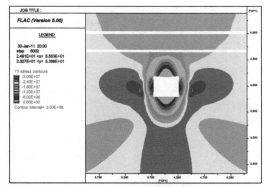

（a）垂直应力

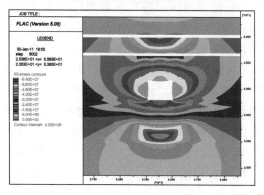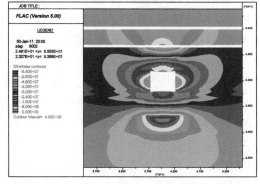

（b）水平应力

图 6-16　无支护和锚杆支护条件下围岩应力分布对比

6.4　深部构造应力作用下沿煤层顶板掘进巷道围岩稳定控制

对于深部构造应力作用沿煤层顶板掘进巷道,除采用高强高预紧力锚杆支护外,还应对其关键部位,即肩角煤体,采取合理的控制措施。

6.4.1 "控让耦合支护"的提出

原支护方案,锚杆支护断面如图 6-17 所示,肩角锚杆角度较大。在深部构造应力作用下,煤帮沿煤层与直接顶岩层交界面发生较大滑移变形,这种滑移错动使得肩角锚杆被剪断,或者锚尾在这种滑移错动产生的较大拉力作用和偏心载荷作用下发生弯拉破断。同时,煤帮沿层理面的较大滑移变形引起肩角煤体塑性区增大,肩角围岩塑性区的增大致使煤帮对顶板的支撑能力降低,相当于增加了巷道的跨度,加大了顶板控制难度。因此,肩角煤体是深部构造应力作用下沿煤层顶板掘进巷道围岩控制的关键部位。

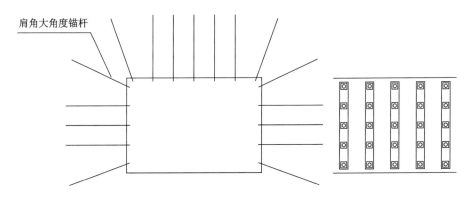

图 6-17　原支护方案锚杆布置示意图

对于关键部位,当支护与围岩不耦合时,即会发生局部失稳,甚至会由局部失稳发展至整体失稳。深部构造应力作用下,沿煤层顶板掘进巷道肩角锚杆的破断、肩角煤体的破坏则分别属于结构不耦合和强度不耦合。结构不耦合:高构造应力作用下,肩角倾斜锚杆的抗剪能力不能阻挡煤帮沿直接顶的滑移变形而发生破断。支护结构对这种滑移变形应采取"让"的方式,即允许其发生滑移,以改善肩角锚杆受力、避免其破断。强度不耦合:肩角煤体破坏范围大而支护强度小,导致肩角煤体破坏失稳。对于肩角煤体,应采取"控"(加强支护)的方式,即控制肩角煤体的碎胀变形。总而言之,采用"控""让"相结合的支护技术,即"控让耦合支护"技术。

对于"让",可通过改变肩角锚杆倾角或其孔口至顶板的距离,以允许煤帮浅部发生较大滑移,并改善锚杆受力状况。锚杆孔口与顶板距离为 350 mm,不同倾角肩角锚杆载荷分布如图 6-18 所示。固定锚杆倾角 15°不变,肩角锚杆孔口与顶板不同距离时锚杆载荷分布如图 6-19 所示。

由图 6-18、图 6-19 可以看出,锚杆全部在煤帮中时,锚杆受力较小且分布较均匀[图 6-18(a)、图 6-19(c)];锚杆锚固段穿过煤帮与直接顶的交界面时,除交界处锚杆受力较大外,其他位置受力相对较均匀[图 6-18(b),图 6-19(a)、(b)];而当锚杆自由段穿过交界面时,自由段杆体受力最大[图 6-18(c)]。因此,为改善肩角锚杆受力,起到"让"作用的锚杆应布置在煤体中或者使其锚固段穿过煤岩层交界面,而避免锚杆自由段穿过煤岩层交界面。肩角锚杆与顶板距离较大时,可以改善锚杆受力,但不利于控制肩角煤体。因此,采用调整锚杆倾斜角度的方式来改善锚杆受力。由图 6-18 以及前面的锚杆受力分析(5.2 节)可知,肩角锚杆倾角越大,锚杆轴力越大,越易于导致锚杆破断。因此,起到"让"作用的肩角锚杆

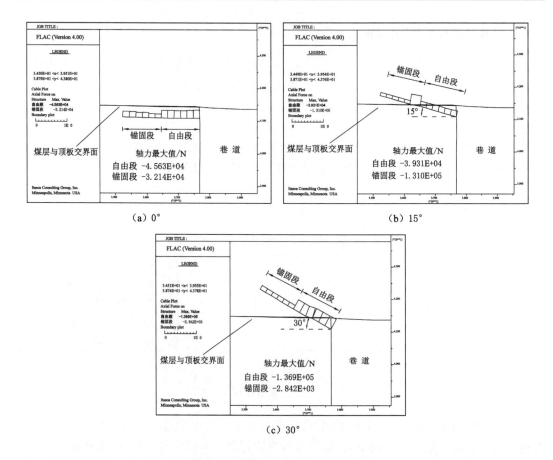

图 6-18　不同倾角肩角锚杆载荷分布

的倾角应较小。

　　对于"控"，则通过增加锚杆加强对肩角煤体的支护，并使其锚固段穿过交界面并锚固在稳定的顶板岩层中。为避免锚杆在肩角煤体浅部较大的滑移剪切力作用下被剪断，增大锚杆孔口与顶板距离，使加长锚固段尽可能在围岩深部穿过煤岩层交界面。

　　综上所示，肩角煤体"控让耦合支护"，即在允许煤帮浅部围岩发生滑移变形的情况下加强对肩角煤体的控制。"控让耦合支护"方案，锚杆支护断面如图 6-20 所示。"控让耦合支护"方案，相邻两支护断面中，肩角"让"锚杆以较小角度打设，允许煤帮沿顶板发生滑移，同时起到对肩角煤体的加固作用；肩角"控"锚杆则倾斜打设，且使其孔口距顶板稍远，杆体锚固段在围岩深部穿过煤岩层交界面，将煤体与顶板岩体锚固在一起，加强对肩角煤体的控制。

6.4.2　"控让耦合支护"作用机制

　　"控让耦合支护"对围岩早期变形更多地起到"让"的作用。而当煤帮沿煤层发生较大滑移变形之后，"控让耦合支护"对围岩的后期变形及稳定起到"控"的作用。

6.4.2.1　"控"锚杆抗剪能力分析

　　原方案中肩角倾斜锚杆的自由段穿过煤帮与直接顶交界面，而"控让耦合支护"方案中

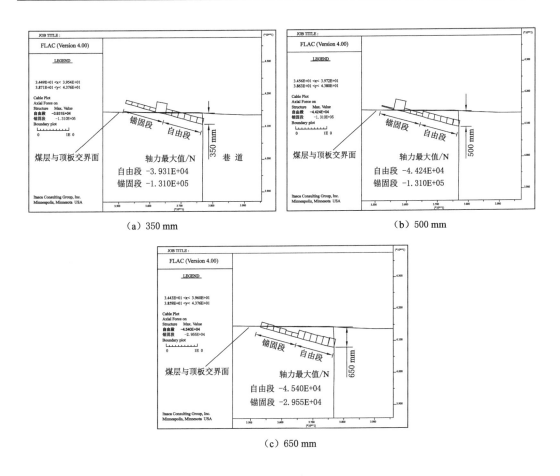

（a）350 mm　　　　（b）500 mm

（c）650 mm

图 6-19　与顶板不同距离的肩角锚杆载荷分布

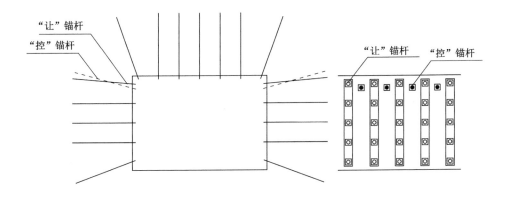

图 6-20　"控让耦合支护"锚杆布置示意图

"控"锚杆的锚固段穿过该交界面。锚固段和自由段加固弱面的抗剪特征[97]如图 6-21 所示。τ_j 为弱面抗剪强度，τ_b 为锚杆的抗剪强度，$\tau_j+\tau_b$ 为弱面和锚杆共同提供的加锚弱面的抗剪强度。

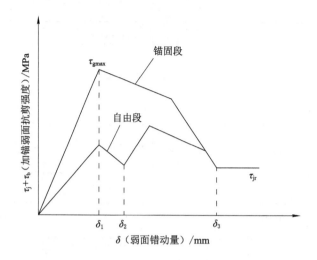

图 6-21 锚固段与自由段加锚弱面抗剪特征[97]

由图 6-21 中自由段加锚弱面抗剪强度曲线[93]可知,由于自由段孔壁与杆体之间存在间隙,在构造应力作用下,弱面首先产生滑移错动,并在错动量为 δ_1 时达到其极限抗剪强度,此时杆体仍未与围岩相接触(δ_1一般较小),当弱面抗剪能力下降、弱面错动量达到 δ_2 时,锚杆才开始发挥作用,弱面抗剪能力增加,当杆体开始破坏时,抗剪能力又出现降低,错动量达到 δ_3 时,锚杆被剪断,加锚弱面的抗剪能力降低至残余抗剪强度 τ_{jr}。

由图 6-21 中锚固段加锚弱面抗剪强度曲线[97]可知,由于锚固段孔壁与杆体之间被锚固剂填满,当弱面错动量较小时,锚杆即可起到抗剪作用,随着错动量的增加,弱面和杆体同时达到极限抗剪强度,加锚弱面的抗剪强度即为两者之和,达到极限抗剪强度后,其抗剪能力开始衰减,并在错动量达到 δ_3 时降低至残余抗剪强度 τ_{jr}。

由以上分析可知,自由段加锚弱面存在弱面和锚杆抗剪能力分别被削弱的问题,而锚固段加锚弱面能够充分发挥二者的抗剪能力,从而达到较好的加锚效果。"控让耦合支护"中的"控"锚杆由于能够实现锚固段加锚弱面,使其抗剪能力大大提高,从而可减小锚杆因层理面错动而发生破断的概率。

6.4.2.2 "控让耦合支护"让压作用分析

锚杆支护作用早期,原支护方案(肩角锚杆倾角较大、自由段穿过层理面)和"控让耦合支护"方案的围岩变形及锚杆受力如图 6-22、图 6-23 所示,由图可知:

(1)"控让耦合支护"方案与原方案的煤帮水平位移基本相同,煤帮肩角煤体均沿直接顶发生了较大滑移,最大水平位移均为 175 mm。这表明"控让耦合支护"对肩角煤体的滑移变形起到了"让"的作用。

(2)原方案肩角锚杆自由段的全长受力均较大,左右两根肩角锚杆的轴力分别为 142.5 kN 和 138.6 kN;而"控让耦合支护"方案肩角水平锚杆轴力分别为 38.9 kN 和 39.1 kN,为原方案的 27.3% 和 28.2%,锚杆受力状况大大改善,肩角倾斜锚杆仅在煤岩层交界面处受力较大,其值为 131.0 kN,低于帮锚杆破断载荷 189 kN,不会发生破断。

由上分析可以看出,在锚杆支护作用早期,"控让耦合支护"允许围岩发生了一定滑移变形,并改善了锚杆受力状况,实现了支护结构稳定。

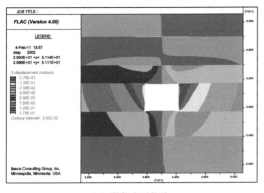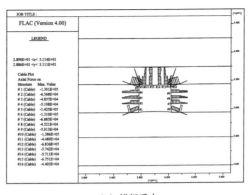

（a）煤帮水平位移 （b）锚杆受力

图 6-22 原方案煤帮早期变形及锚杆受力

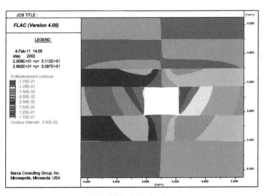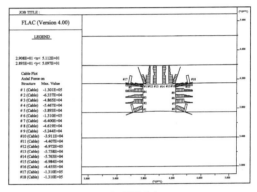

（a）煤帮水平位移 （b）锚杆受力

图 6-23 "控让耦合支护"方案煤帮早期变形及锚杆受力

6.4.2.3 "控让耦合支护"控制作用分析

锚杆支护作用"后期",原支护方案和"控让耦合支护"方案的围岩变形及锚杆受力如图 6-24、图 6-25 所示,由图可知:

（1）采用"控让耦合支护"后,煤帮变形量减小。与原方案相比,煤帮水平位移减小50～100 mm,减小幅度为 16.7%～33.3%,表明肩角锚杆与围岩的耦合支护降低了煤帮的变形破坏程度,提高了其稳定性。

（2）采用"控让耦合支护"后,不仅肩角锚杆受力状况得到改善,帮部其他锚杆及顶板锚杆受力均得到了改善。原方案肩角锚杆轴力分别为 184.4 kN 和 184.6 kN,接近帮部锚杆破断载荷 189 kN,发生破断的概率大大提高;而"控让耦合支护"方案肩角"让"锚杆轴力仅为 51.4 kN 和 51.5 kN,为原方案的 27.9%,锚杆受力状况良好,肩角"控"锚杆仍在煤岩层交界面处受力较大,其值为 131.0 kN,低于帮锚杆破断载荷 189 kN,不会发生破断。

由以上分析可以看出,锚杆支护作用后期,"控让耦合支护"减小了围岩变形,并改善了锚杆的受力状况,保证了肩角煤体及支护结构的稳定。

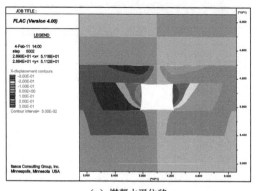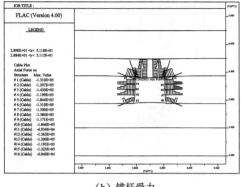

（a）煤帮水平位移　　　　　　　（b）锚杆受力

图 6-24　原方案后期煤帮变形及锚杆受力

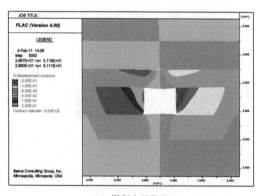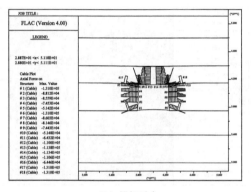

（a）煤帮水平位移　　　　　　　（b）锚杆受力

图 6-25　"控让耦合支护"方案后期煤帮变形及锚杆受力

6.5　深部构造应力作用下厚顶煤巷道围岩稳定控制

在深部构造应力作用下,厚顶煤巷道的顶煤强度小且厚度大。对于该类巷道,除使用高强高预紧力锚杆支护外,还应加强对围岩薄弱部位的控制,即对顶煤和肩角煤体进行针对性加固。应对顶煤采用锚固深度大、承载能力大的锚索进行加强支护,对肩角煤体增加锚杆以提高支护强度,实现支护与围岩的耦合。

6.5.1　锚杆-锚索联合作用分析

针对新巨龙煤矿深部构造应力作用下厚顶煤巷道的生产地质条件,模拟得到支护强度与顶煤、煤帮变形的关系,如图 6-26 所示。当构造应力较小时,如侧压系数 $\lambda=1.3$、1.6 时,支护强度达到 $0.1\sim0.2$ MPa,顶煤下沉量、两帮移近量即趋于平缓,而随着构造应力的增大,所需要的支护强度越来越大,侧压系数 $\lambda=1.9$、2.2 时,支护强度达到 $0.2\sim0.3$ MPa,顶、帮变形量才趋于平缓。由此可知,构造应力越大,需要的支护强度越大。

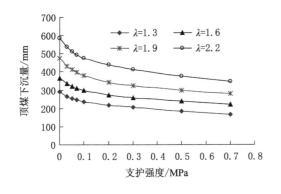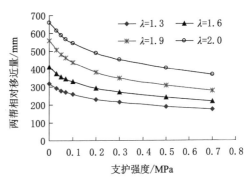

图 6-26 构造应力对厚顶煤巷道稳定性的影响

为保证厚顶煤的稳定性,需要在锚杆支护的基础上,采用锚索进行加强支护。锚索支护的优势在于:

(1)预紧力高。在深部巷道支护工程中,常用的锚索直径规格为 17.8 mm、18.9 mm、21.6 mm,其预紧力可达 100～200 kN 以上,可较大提高浅部围岩的初始支护强度,在锚杆支护作用的基础上,进一步减小浅部围岩的早期变形和离层,并提高对深部围岩变形破坏的约束能力。

(2)支护强度大。锚索破断载荷达 260～600 kN,远高于高强锚杆破断载荷,且锚固深度大、着力基础可靠,锚固力能够得到保证。因此,锚索支护可较大提高对顶煤的支护强度,进一步提高顶煤的稳定性。

(3)锚固深度大。目前使用的锚杆长度一般小于 2.5 m,小于顶煤厚度(顶煤厚度在 5 m 左右),锚杆锚固在破裂或塑性煤体中,难以控制锚杆长度以深的围岩的变形破坏。而锚索长度可达 8～10 m,能够穿过顶煤而锚固在坚硬岩层中,内部锚固剂着力基础可靠,能充分调动深部围岩的承载能力,起到加固浅部围岩、约束围岩膨胀变形的目的。

值得注意的是,相对锚杆而言,锚索的延伸率较小,锚杆支护属于柔性支护,而锚索支护则为刚性支护,从支护特性来说,两者并不匹配。如果锚杆-锚索联合支护,当围岩发生大变形时,锚索即会因延伸率不足而发生破断,而锚杆由于延伸率较大并不会发生破断。因此,应采用高强高预紧力锚杆支护技术,同时应加大锚索的延伸率,使两者支护性能相匹配,达到提高支护系统可靠性的目的。

6.5.2 斜拉锚索梁控制作用分析

由厚顶煤巷道围岩塑性区分布特征可知,厚顶煤巷道顶板塑性区高度较大,而肩角存在弹性稳定区域,如图 6-27 所示。锚索垂直布置时,所需长度较长才能锚固到顶板稳定区域,而倾斜布置时(斜拉锚索),所需锚索长度较短即可将其着力点锚固在肩角稳定区域。因此,厚顶煤巷道宜于采用斜拉锚索布置,以保证锚索锚固效果,充分调动肩角稳定区域围岩的承载能力。

大断面条件下,顶煤中部容易发生拉破坏。为了加强对中部顶煤的控制,同时加强锚索整体支护效果,采用工字钢梁将锚索组合在一起。斜拉锚索梁的控制作用主要在于:

(1)加固锚索锚固范围内的煤岩体。预应力锚索不但可以进一步对锚杆锚固范围内的

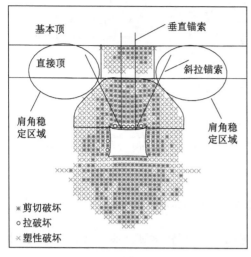

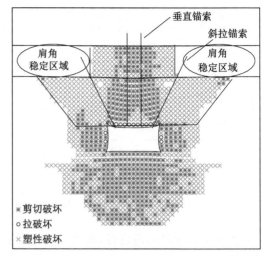

（a）巷宽4.5 m

（b）巷宽6.5 m

图 6-27　斜拉锚索布置示意图

煤体进行加固,而且还可以通过锚索的挤压加固作用,约束锚杆锚固区外煤体,减小其变形和离层。

（2）限制顶煤与直接顶岩层之间的滑移,阻止"倒梯形"塑性区的形成。斜拉锚索穿过巷道两侧煤岩层之间的层理面,可通过锚索的挤压增加层理面之间的摩擦力,并通过锚索的切向约束力限制层理面的滑移。

采用斜拉锚索后,相当于提高了层理面的剪切刚度,剪切刚度提高前后,厚顶煤巷道的顶煤塑性分布如图 6-28 所示(巷宽 6.5 m)。通过对比可以看出,层理面剪切刚度提高后,层理面附近塑性区消失,表明斜拉锚索在一定程度上可阻止"倒梯形"塑性区的形成。

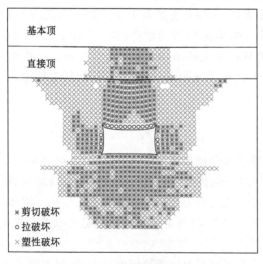

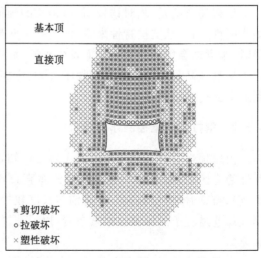

（a）剪切刚度较小

（b）剪切刚度较大

图 6-28　层理面剪切刚度对顶煤塑性区分布的影响

6.5.3 顶帮高强支护控制作用分析

顶煤与两帮的稳定性相互关联[146-148],顶煤稳定性的提高,有助于将顶煤垂直应力转移至两帮深部,从而可减小对浅部煤帮的破坏作用;而两帮稳定性的提高可为顶煤提供较大的支撑力,并避免支撑点外移而造成顶煤的实际跨度增大,从而减小顶煤的下向弯曲变形及中部的拉破坏,提高顶煤的稳定性。顶、帮稳定性的提高也有助于减小底鼓,提高底板的稳定性。

在断层附近构造应力显著地段,为防止片帮以及加强两帮煤体对顶板的承载能力,应加强煤帮上部的支护,如在两排锚杆之间增加一根肩角锚杆等,防止肩角塑性区扩大而发生冒顶。采用"高强高预紧力锚杆支护、顶煤斜拉锚索梁支护与肩角煤体加强支护(在两排锚杆中间增加一根肩角锚杆)"前后,厚顶煤巷道围岩塑性区分布对比如图 6-29 所示。由图 6-29 及围岩变形监测结果可知,顶、帮支护对围岩的控制作用主要表现为:

(1) 减小顶煤弯曲下沉,消除浅部顶煤的张拉破坏,有效阻止围岩塑性区向深部发展。顶煤塑性区在高度和宽度方向上都有所减小,煤层上方岩层不再发生塑性破坏,顶煤的稳定性大大提高;两帮塑性区大大减小,两帮的稳定性得到加强;底板塑性区也有一定程度的减小,说明加强支护顶、帮可以在一定程度上减小底板的破坏程度。

(2) 有效控制了围岩变形。无支护时顶板下沉量、两帮移近量分别为 570 mm、546 mm,支护后分别为 221 mm、352 mm,减小幅度分别为 61.2%、35.5%。

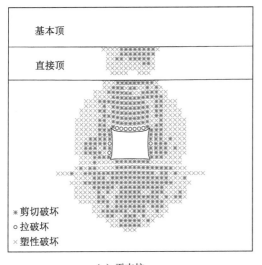

(a) 无支护

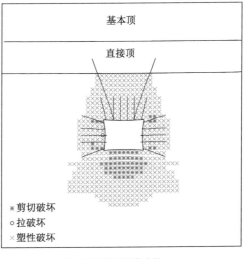

(b) 高强锚杆锚索支护

图 6-29 锚带网与斜拉锚索梁支护前后塑性区分布

6.6 本章小结

本章针对深部构造应力作用下沿煤层顶板掘进巷道、厚顶煤巷道围岩变形破坏特征及机制,提出了该类巷道围岩控制原则,并分析了围岩稳定控制原理,主要结论:

（1）深部构造应力作用下厚煤层巷道围岩稳定控制原则：① 尽可能一次支护即实现巷道围岩稳定，避免围岩强度损失较大。② 采用"高强、高预紧力"锚杆支护为主的支护体系，并适当增加锚杆长度以保证锚固体的厚度，及时控制围岩的早期变形与破坏。③ 对于煤帮沿层理面的滑移，采用"让"的支护方式，避免锚杆发生破断，而对于滑移引起的较大塑性区，则采取"控"的支护方式；对于未与巷道连通的层理面的滑移则采取"控"的支护方式，避免滑移引起的不稳定区域扩大。④ 采用预应力锚索支护技术，进一步提高支护体系的预紧力水平，加大围岩控制范围，减小锚杆锚固区外围岩的变形和离层。⑤ 加强关键部位支护，避免围岩局部破坏而导致巷道失稳，并保证支护结构的可靠性。

（2）锚杆对巷道围岩的基本作用主要表现为轴向和横向作用。通过高强、高预紧力支护，可真正实现主动及时支护，改善围岩应力状态，提高围岩强度，限制破裂区、塑性区向深部发展，且能适应围岩的较大变形，从而可提高围岩稳定性和支护结构可靠性。理论分析表明，埋深越大、构造应力越大、岩性越弱，巷道围岩变形破坏程度对支护强度越敏感，尤其当支护强度在 0～0.3 MPa 之间变化时，随着支护强度的增大，围岩变形量及其破坏深度均明显减小，但支护强度超过 0.3 MPa 以后，再增加支护强度，围岩变形及破坏深度减小不再明显。

（3）分析得到了深部构造应力作用下厚煤层巷道锚杆支护作用机制：① 及时参与围岩应力调整过程，减小围岩应力降低速度：实施锚杆支护后，围岩应力水平有所提高，说明围岩承载能力有所提高。② 减小围岩变形速度，及时控制围岩变形，大幅减小围岩变形量。③ 提高围岩峰值强度，阻止围岩破坏向深部发展，从而限制围岩应力峰值向深部转移，并减小应力集中程度。④ 提高围岩残余强度，充分发挥围岩自身承载能力，从而减小围岩的变形破坏。

（4）在深部构造应力作用下，肩角煤体是沿煤层顶板掘进巷道围岩控制的关键部位，采用"高强高预紧力锚杆支护、控让耦合支护"围岩控制技术可实现该类巷道稳定。控让耦合支护的作用机制为：允许煤帮沿顶板层理发生一定的滑移变形，即采取"让"的方式，以改善肩角锚杆受力，避免其破断，但"让"的同时，应限制肩角煤体塑性区的扩大，即采取"控"的方式，两者相结合即可实现围岩及支护结构稳定。

（5）在深部构造应力作用下，厚顶煤及肩角煤体是厚顶煤巷道围岩控制的关键部位，构造应力越大，需要的支护强度越大，采用"高强高预紧力锚杆支护、顶煤斜拉锚索梁支护与肩角煤体加强支护"围岩控制技术可实现该类巷道稳定。用于厚顶煤加强支护的锚索宜于倾斜布置，以将锚索锚固在肩角稳定区域，并采用钢梁连接，形成锚索梁结构，以提高锚索支护的整体性。"高强高预紧力锚杆支护、顶煤斜拉锚索梁支护与肩角煤体加强支护"围岩控制技术可有效减小顶煤弯曲下沉及其中部的拉破坏，并阻止厚顶煤"倒梯形"塑性区的形成，显著提高厚顶煤巷道的稳定性。

7　工　程　实　例

　　针对新巨龙煤矿厚煤层巷道埋深约 800 m、最大水平应力为 30～40 MPa 的生产地质条件,选取典型的沿煤层顶板掘进巷道(北区胶带运输大巷)和厚顶煤巷道(1301N 综放工作面回采巷道),依据"深部构造应力作用下厚煤层巷道围岩稳定控制原理",确定了合理围岩控制技术方案,进行了工业性试验,并开展了围岩控制效果观测与分析。

7.1　工程地质与生产技术条件

7.1.1　矿井地质条件

　　新巨龙煤矿主采 3 号煤,煤层埋深 800～1 300 m,煤层平均厚度在 8 m,3_上煤的厚度在 4 m 左右。井田地层走向大致呈南北、倾向东的单斜构造,发育有次一级宽缓褶曲并伴有一定数量的断层,局部地段煤系地层中有岩浆岩侵入,构造复杂程度中等。

　　(1)地层褶曲情况

　　井田内次一级宽缓褶曲比较发育,轴向多为近南北,而且延展较长、贯穿全区,背、向斜相间排列。地层倾角多为 $5°～10°$,沿田桥断层的附近地段,地层倾角较陡,一般为 $10°～30°$,沿马庄断层局部地段可达 $30°$。纵观全井田,地层倾角呈中、西部较缓,东部较陡的趋势。

　　(2)断层发育情况

　　井田内断裂受区域构造的控制,主要分为南北向及北东向两组;其中以近南北向断层较多,且主要断层多发育在主要背斜的轴部,北东向断层次之,其他方向的断层不甚发育。井田内共发现断层 58 条,其中查明断层 44 条,基本查明～查明 3 条,基本查明 11 条。断层落差较大的陈庙断层、邢庄断层、刘庄断层、田桥断层等构成了井田边界。

　　(3)地应力场特征

　　由地应力测量结果(表 2-2)可知,地层构造应力显著,实测最大水平应力达到 36.81～46.12 MPa,垂直应力为 21.40～24.73 MPa,侧压系数为 1.67～1.92。最大水平应力方向与东西向夹角较小,而新巨龙煤矿开拓巷道、回采巷道走向一般为南北向,与构造应力夹角较大,巷道围岩稳定性较差。

7.1.2　北区胶带运输大巷

　　矿北区胶带运输大巷(北胶大巷)埋深约 800 m,沿 3 煤上分层顶板掘进,煤层厚度 3.85～4.04 m,煤层倾角 $2°～12°$,平均 $5°$。北胶大巷东、西面分别为 2 号辅助运输大巷和北区回风大巷,四周煤层未采。北胶大巷相当长一段距离几乎平行于断层 FL10、FL11 掘进,两断层倾角为 $70°$,落差为 0～15 m。巷道与断层位置关系如图 7-1 所示。依据 L-22 号和 263 号钻孔资料,煤层及顶底板状况见表 7-1。

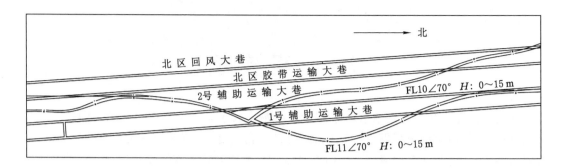

图 7-1　北区胶带运输大巷与断层位置关系

表 7-1　北区胶带运输大巷围岩条件

岩石名称	厚度/m	岩性描述
细砂岩	4.0	以泥质胶结为主,发育斜层理及断续波状层理
粉砂岩	2.6	致密,发育水平层理
煤	3.85~4.04	含0~3层夹层,夹层岩性多为炭质泥岩、泥岩
粉砂岩	3.5	灰黑色,具水平层理,近垂直裂隙发育
细砂岩	4.2	稳定性较好,较硬,整体性好

　　受断层附近构造应力影响,北胶大巷变形破坏严重:两帮沿顶板发生较大滑移,两帮相对移近量达 400 mm,顶角锚杆托盘被挤出煤体所覆盖;喷层也出现严重开裂,如图 7-2(a)所示。在煤帮沿顶板的滑移剪切作用下,肩角锚杆大量破断,破断位置在杆体或者锚尾托盘处,如图 7-2(b)所示。

7.1.3　1301N 综放工作面回采巷道

　　1301N 综放工作面埋深为 778.6~848.6 m,煤层平均厚度 8.34 m,$f=2\sim3$,煤层倾角 5°~10°,四周未采。回采巷道沿煤层底板掘进,顶煤厚 5 m 左右,巷道断面为矩形,宽×高＝4 500 mm×3 620 mm。巷道围岩条件见表 7-2。

表 7-2　1301N 综放工作面回采巷道围岩条件

岩石名称	厚度/m	岩性特征
细粒砂岩	4.18	颗粒呈次圆状,夹深灰色粉砂岩薄层及条带,裂隙发育,具水平层理
粉砂岩	3.4	局部含细砂质,夹细砂岩条带,裂隙发育,具水平层理
煤	8.34	上部块煤,以亮煤、镜煤为主,下部煤光泽暗淡,$f=2\sim3$
泥岩	0.35~1.2	浅灰至灰色,质纯,贝壳状断口,性脆
粉细砂岩	1.05~3.4	较致密,裂隙发育充填黄铁矿,底部夹细砂条带,具水平层理
细砂岩	3.35	颗粒呈次圆状,硅质胶结,局部夹泥岩条带及透镜体,含方解石

　　在大埋深、高构造应力、厚顶煤的影响下,巷道顶煤、两帮变形量较大,顶板锚杆发生破断,钢带出现扭曲,顶煤稳定性较差,如图 7-3 所示。

（a）喷层开裂

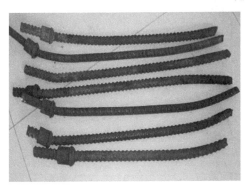

（b）锚杆破断

图 7-2　深部构造应力作用下沿煤层顶板掘进巷道变形破坏状况

图 7-3　深部构造应力作用下厚顶煤巷道变形破坏状况（顶板下沉、钢带扭曲）

7.2　巷道围岩控制技术方案

7.2.1　北区胶带运输大巷

依据深部构造应力作用下沿煤层顶板掘进巷道围岩稳定控制原理，北区胶带运输大巷采用高强高预紧力锚带网索联合支护，肩角煤体则采用"控让耦合支护"技术，锚杆支护断面如图 7-4 所示。

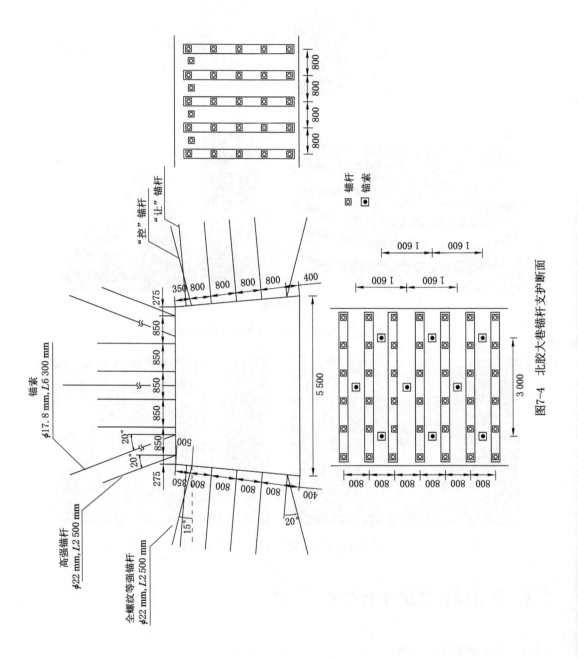

图7-4 北胶大巷锚杆支护断面

（1）顶板支护

每排采用 6 根屈服强度为 500 MPa、ϕ22 mm×2 500 mm 左旋无纵筋高强让压锚杆,间排距为 850 mm×800 mm。托盘为碟形托盘,规格 150 mm×150 mm×10 mm,铺设 ϕ6 mm 圆钢焊制的金属网和 4 mm 厚 W 钢带。锚杆锚固方式为加长锚固,每根锚杆采用一支 MSK2850 树脂药卷、一支 MSZ2850 树脂药卷。

采用 ϕ17.8 mm×6 300 mm 锚索加强支护,"二一二"五花布置,间排距 3 000 mm×800 mm。每根锚索采用一支 MSK2360、两支 MSZ2360 树脂药卷。锚索托盘规格为 300 mm×300 mm×16 mm 碟形托盘。顶角锚杆及两侧锚索的安装角度为 20°,其余锚杆和中间锚索垂直顶板安装。

（2）两帮支护

每排采用 10 根 ϕ22 mm×2 500 mm 全螺纹等强锚杆,间排距为 800 mm×850 mm. 锚杆托盘为碟形托盘,规格 150 mm×150 mm×10 mm,铺设 ϕ6 mm 圆钢焊制的金属网和 4 mm 厚 W 钢带。锚杆锚固方式为加长锚固,每根锚杆采用一支 MSK2850 树脂药卷、一支 MSZ2850 树脂药卷。底角锚杆角度为 20°,其余锚杆垂直巷道表面打设。

（3）控让耦合支护

与顶板锚杆在同一排的肩角锚杆采用 ϕ22 mm×2 500 mm 全螺纹等强锚杆,托盘为偏心碟形托盘,垂直巷帮表面或者以较小角度打设,使其杆体全部在煤帮中,或者锚固段穿过层理面,允许煤帮浅部发生一定滑移变形,并改善锚杆受力状况,避免锚杆杆体被剪断或者锚尾发生拉破断,起到"让"的作用。

而在两排肩角锚杆中间,距顶板 500 mm 位置处打设一根 ϕ22 mm×2 500 mm 全螺纹等强锚杆,采用偏心碟形托盘,打设角度与水平方向成 15°,锚固在顶板岩层内 500 mm,起到减小肩角煤体变形破坏的加强"控"作用,排距为 800 mm。

顶板、两帮锚杆预紧扭矩不小于 400 N·m,锚索初始张拉力不低于 100 kN,实现真正的高强高预紧力主动及时支护。

7.2.2　1301N 综放工作面回采巷道

依据深部构造应力作用下厚顶煤巷道围岩稳定控制原理,在断层附近高构造应力区域,1301N 综放工作面回采巷道采用"高强高预紧力锚杆支护、顶煤斜拉锚索梁支护与肩角煤体加强支护"围岩控制技术,巷道支护断面如图 7-5 所示。

（1）顶板锚杆支护

每排采用 6 根屈服强度为 500 MPa、ϕ22 mm×2 500 mm 左旋无纵筋高强让压锚杆,锚杆间排距为 800 mm×750 mm。托盘为碟形托盘,规格 150 mm×150 mm×10 mm,铺设 ϕ6 mm 圆钢焊制的金属网和 3 mm 厚 W 钢带。树脂药卷加长锚固,每根锚杆采用一支 MSK2850 树脂药卷、一支 MSZ2850 树脂药卷。顶角锚杆安装角度为 15°,其余垂直顶板安装。

（2）两帮锚杆支护

两帮每排采用 10 根 ϕ22 mm×2 500 mm 全螺纹钢等强锚杆,锚杆间排距为 750 mm×750 mm。锚杆托盘为碟形托盘,规格 150 mm×150 mm×10 mm,铺设双抗网和 3 mm 厚 W 钢带。每根锚杆采用一支 MSK2850、一支 MSZ2850 树脂药卷加长锚固。肩角锚杆安装

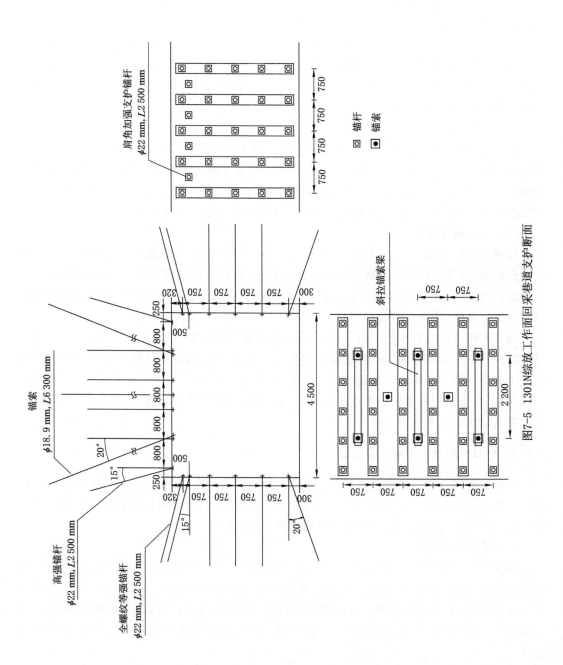

图7-5 1301N综放工作面回采巷道支护断面

角度为 15°,底角锚杆安装角度为 20°。

（3）顶板斜拉锚索梁加强支护

采用 ϕ18.9 mm×6 300 mm 锚索加强支护,"二一二"五花布置,间排距为 2 200 mm×750 mm。每根锚索采用一支 MSK2360、两支 MSZ2360 树脂药卷。锚索托盘规格为 300 mm×300 mm×16 mm 高强碟形托盘。外侧锚索角度亦为 20°,中间锚索垂直顶板。2 根一排的锚索之间采用 12♯工字钢梁连接,形成斜拉锚索梁结构。

（4）肩角煤体加强支护

在煤帮上部两排锚杆之间增加一根 ϕ22 mm×2 500 mm 全螺纹等强锚杆,加强对肩角煤体的支护,控制肩角煤体破裂区、塑性区的发展。

顶板、两帮锚杆预紧扭矩不小于 400 N·m,锚索初始张拉力不低于 100 kN,实现真正的高强高预紧力主动及时支护。

7.3 巷道围岩控制效果分析

为研究北区胶带运输大巷、1301N 综放工作面回采巷道锚杆支护技术与支护参数的合理性,对巷道表面位移、锚杆受力及顶板深部位移进行了监测。

7.3.1 北区胶带运输大巷

北区胶带运输大巷实施支护方案后,巷道变形量明显减小,肩角锚杆的破断失效状况得到了有效控制,锚杆支护能力得到了充分发挥,围岩稳定性得到较大提高。

（1）巷道表面位移

掘巷稳定后顶板最大下沉量为 90～100 mm,两帮最大相对移近量为 220～250 mm,未见明显底鼓,巷道变形量较小。

（2）顶板深部位移

顶板不同深度测点的位移随时间的变化曲线如图 7-6 所示。1 m 以内、1～2 m、2～3 m、3～4 m、4～5 m 范围内的顶板变形量分别约为 45 mm、20 mm、16 mm、4 m、3 mm。测点处的顶板下沉量约为 90 mm,1 m 以内和 1～2 m 范围内的顶板岩体的变形分别占顶板变形量的 50％和 22％,顶板锚杆锚固区内岩体的变形量约为 65 mm,远小于锚杆的可延伸量,锚杆不会发生破断失效。

（3）锚杆载荷观测数据及分析

顶板锚杆、两帮锚杆载荷随时间的变化曲线如图 7-7 所示。由图 7-7 可知,帮部全螺纹等强锚杆预紧力约为 20 kN,顶板高强锚杆预紧力约为 35 kN。锚杆安装 15 d 后,锚杆载荷趋于稳定,顶板锚杆载荷达到 110 kN,小于其破断载荷 250 kN,帮锚杆载荷达到 90 kN,小于其破断载荷 189 kN,锚杆未发生破断现象,支护结构的可靠性较高。

7.3.2 1301N 综放工作面回采巷道

1301N 综放工作面回采巷道实施支护方案后,掘进和回采期间,顶煤及两帮煤体完整性较好,锚杆支护能力得到了充分发挥,且支护结构的可靠性较高,保证了巷道的稳定。

（1）巷道变形观测

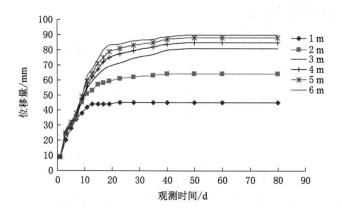

图 7-6　顶板深基点位移-时间曲线

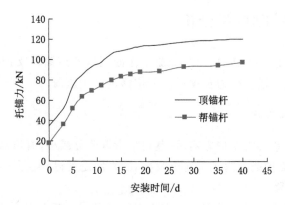

图 7-7　锚杆载荷随时间变化曲线

掘巷期间巷道变形-时间曲线如图 7-8 所示。掘进剧烈影响期为 15～20 d,顶底板及两帮相对移近的平均速度为 5～6 mm/d,掘进影响缓和期为 20～40 d,顶底板及两帮相对移近的平均速度为 1～1.5 mm/d,40 d 以后进入稳定期,顶底板及两帮相对移近速度小于 0.5 mm/d,最终两帮相对移近量为 130～150 mm,顶底板相对移近量为 140～160 mm。掘进期间围岩变形量较小,顶煤及两帮煤体完整性较好。

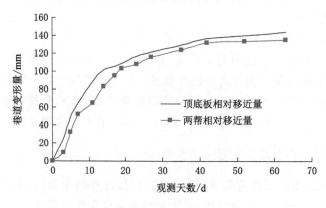

图 7-8　掘巷期间巷道变形-时间曲线

　　回采期间巷道围岩变形明显,观测结果如图7-9所示。当测站距离工作面较远时,巷道变形呈现缓慢增长趋势;随着逐渐接近工作面,围岩变形量急剧增长。回采期间的两帮相对移近量为400～500 mm,顶底板相对移近量为900～1 000 mm,从现场看,主要以底鼓为主,由于采用超前支护,能够满足安全生产的需要。

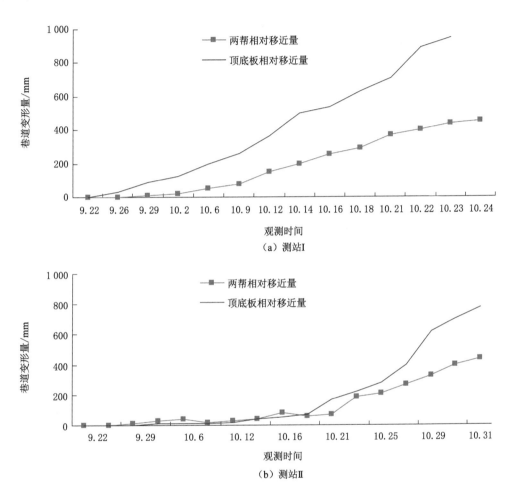

图 7-9　回采期间巷道变形-时间曲线

　　(2)锚杆载荷观测数据及分析

　　掘进期间和回采期间顶锚杆、帮锚杆载荷随时间的变化趋势如图7-10、图7-11所示。掘进期间顶锚杆、帮锚杆最大载荷分别为96 kN、77 kN,远小于其屈服载荷190kN、131 kN,能够满足掘进稳定期间围岩支护强度的需要;回采期间,顶锚杆、帮锚杆最大载荷分别为166 kN、128 kN,与它们的屈服载荷比较接近,但小于其破断载荷250 kN、189 kN,锚杆支护能力得到了充分发挥。

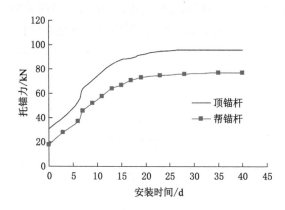

图 7-10　掘进期间锚杆载荷-时间曲线

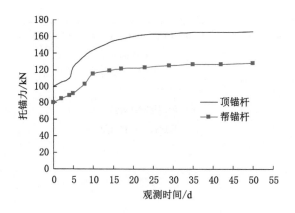

图 7-11　回采期间锚杆载荷-时间曲线

7.4　本章小结

依据深部构造应力作用下厚煤层巷道围岩稳定控制原理,针对新巨龙煤矿厚煤层巷道埋深为 800 m、最大水平应力为 30~40 MPa 的生产地质条件,在北区胶带运输大巷、1301N 综放工作面回采巷道进行了工业性试验,取得了较好的支护效果。

(1) 新巨龙煤矿深部构造作用厚煤层巷道锚杆支护基本参数:顶板采用屈服强度为 500 MPa、ϕ22 mm×2 500 mm 的高强锚杆,两帮则采用 ϕ22 mm×2 500 mm、20MnSi 全螺纹等强锚杆,顶板则采用 ϕ17.8 mm×6 300 mm 或 ϕ18.9 mm×6 300 mm 的锚索,锚固形式为加长锚固,预紧扭矩为 400 N·m,锚索初始张拉力不低于 100 kN,实现高强高预紧力主动及时支护。

(2) 北区胶带运输大巷采用了"高强高预紧力锚杆支护、肩角控让耦合支护"围岩控制技术后,巷道变形量明显减小,肩角锚杆的破断失效状况得到了有效控制,锚杆支护载荷增长较快,可及时承载,锚杆支护能力得到了充分发挥,围岩稳定性得到较大提高。

(3) 1301N 综放工作面回采巷道采用"高强高预紧力锚杆支护、顶煤斜拉锚索梁支护与肩角煤体加强支护"围岩控制技术,掘进和回采期间,巷道变形量得到了有效控制,顶煤及两帮煤体完整性较好,能够满足安全生产需要,锚杆支护能力得到了充分发挥,且支护结构的可靠性较高,保证了巷道的稳定。

8 主 要 结 论

随着煤矿开采深度的增大,煤层巷道围岩控制难度持续增加,主要原因在于应力环境恶化及软弱煤层的变形失稳。在深部构造应力作用下,厚煤层巷道出现了"煤帮沿着煤岩之间层理面向巷内滑移错动、煤帮破碎鼓出、顶煤严重下沉、锚杆破断失效"等剧烈矿压显现,存在垮冒失稳风险。本书针对巨野矿区厚煤层巷道围岩控制难题,以沿煤层顶板掘进巷道、厚顶煤巷道为主要对象,在分析巨野矿区深部构造应力场分布特征的基础上,从软弱煤层及煤岩层之间层理面对巷道围岩变形破坏的影响出发,综合运用理论分析、数值计算、相似模型试验、现场试验等方法,开展了深部构造应力作用厚煤层巷道围岩变形失稳机制与控制研究。

(1) 基于地应力实测数据,分析了巨野矿区深部地应力场分布特征,并对局部断层附近的地应力场进行了反演分析,结果表明:地应力场以水平应力为主,最大水平应力一般为30~40 MPa,侧压系数达到1.5~3.2,构造应力显著;最大水平应力方位角在 N60°E 左右,与区域构造应力方向(东西向)的夹角平均均为 30°;地应力场反演结果表明,断层附近地应力出现集中,尤其在断层端部,最大水平应力达到 40 MPa 以上,断层端部应力方向变化也较剧烈,最大水平应力方向偏转达 30°~60°,个别地方偏转达 90°,但随着远离断层,地应力场与区域构造应力场逐渐趋于一致。在此基础上,采用数值模拟和现场监测分析方法,研究了构造应力场中巷道布置方位与其稳定性的关系,结果表明:巷道走向与最大水平主应力夹角超过 30°以后,巷道稳定性迅速变差,顶底板变形破坏严重。

(2) 厚煤层巷道围岩的特点是分层性明显,一般沿顶板或底板掘进,煤层与顶板或底板的层理面与巷道相连。煤岩层之间的层理面对厚煤层巷道稳定性影响显著。采用 FLAC³ᴰ 数值模拟方法,建立了具有层理面结构的 4 类厚煤层巷道数值计算模型,分析了深部构造应力作用下厚煤层巷道围岩塑性区、围岩位移及围岩应力的分布特征,揭示了深部构造应力作用下厚煤层巷道围岩变形破坏的层理面效应:两帮沿顶板或底板层理面滑移,且构造应力越大,滑移量越大,滑移量成为两帮相对移近量的重要组成部分;层理面附近垂直应力和水平应力的差值增大,促使层理面附近的软弱围岩发生破坏,围岩塑性区沿层理面向深部发展;层理面的剪切刚度对煤帮沿顶板层理面的滑移变形影响较大;剪切刚度越小,煤帮滑移变形越大,层理面附近煤帮塑性区也随之增大。

(3) 针对厚顶煤巷道,建立了具有煤岩层分界面的相似模拟模型,分析了埋深、构造应力、层理面对厚顶煤巷道变形破坏的作用机理。试验结果表明,随着埋深及构造应力的增大,两帮垂直应力峰值增长较快,表明构造应力越大,顶煤垂直压力向两帮转移越明显;顶煤水平应力呈现出"上下低、中间高"的分布特征,表明浅部顶煤和上部层理面附近煤体破坏较严重;随着构造应力的增大,顶煤内的水平应力峰值逐渐增大,且峰值位置向深部转移,表明构造应力的增大使得顶煤的破坏深度加大;随着埋深及构造应力增大,顶煤下向弯曲变形、沿水平层理的滑移错动及其剪切破坏特征越明显,顶板锚杆锚索发生剪切破断的可能性越大,当水平应力增加到一定数值时,顶煤则发生"尖顶"形垮冒,破裂面呈现出明显的剪切破坏特征,大量顶板锚杆发生破断,两帮锚杆也出现了明显拉伸变形。

(4)采用数值计算方法,分析了巷道宽度、层理面对厚顶煤巷道变形破坏的影响规律,揭示了深部构造应力作用下厚顶煤巷道破坏失稳机制:随着巷道宽度增大,顶底板塑性区显著增大,顶板塑性区不仅向高度方向扩展,也向水平方向延展;巷宽较小时,顶煤塑性区呈"拱形",巷宽较大时,在构造应力及顶煤下沉产生的附加水平应力作用下,顶煤和直接顶之间的层理面发生剪切破坏,并引起其附近煤体破坏,促使顶煤形成"倒梯形"塑性区,引起顶煤不稳定区域增大,甚至发生垮冒失稳;随着巷宽增大,顶煤下沉量出现大幅增长,顶煤与直接顶之间的滑移量也出现较大增长,而巷帮水平位移则增幅较小;巷道宽度对顶板水平应力影响较大,而对两帮垂直应力影响较小,顶煤和顶板岩层水平应力的分布特征为"上下两端低、中间高",说明层理面附近煤岩体破坏较严重;随着巷宽增大,顶煤水平应力降低幅度增大,表明巷宽越大,顶煤破坏越严重。

(5)针对沿煤层顶板掘进巷道,建立了数值计算模型,分析了不同侧压系数下围岩位移、围岩应力、锚杆轴力与位移特征等变化特征,揭示了围岩变形与支护结构破坏失稳机理:在构造应力作用下,煤帮沿顶板层理面滑移,煤帮塑性区亦沿层理向深部发展,使得肩角煤体不稳定区域增大,加大了肩角围岩控制难度;随着构造应力的增大,肩角锚杆轴力明显增大,这是肩角锚杆破断的重要原因。建立了肩角锚杆力学分析模型,分析了层理面的滑移对锚杆的作用,得到了肩角锚杆变形与应力计算式,揭示了构造应力作用下厚煤层巷道肩角锚杆杆体及锚尾破断机制。杆体破断的原因:在煤帮沿顶板层理面的滑移剪切力作用下,杆体发生弯曲变形,并且在层理面处受到的剪切力最大,而使得锚杆在层理面处易被剪断;锚尾破断的主要原因:一是杆体弯曲变形导致的锚尾轴力的增大,而且肩角锚杆倾角越大,锚尾轴力越大;二是煤体变形支护体系产生的偏心载荷致使锚尾下侧所受拉力增大。

(6)基于深部构造应力作用厚煤层巷道围岩变形破坏机制,提出了该类巷道"控让耦合+关键部位强化支护"的围岩控制原则:① 尽可能一次支护即实现巷道稳定,避免围岩强度衰减较大。② 采用"高强、高预紧力"锚杆支护为主的支护体系,并适当增加锚杆长度,保证锚固体的厚度,及时控制围岩的早期变形与破坏,保证巷道围岩的完整性,充分发挥围岩自身的承载能力。③ 对于煤帮沿层理面的滑移,采用"让"的支护方式,避免支护体系破坏,而对于滑移引起的较大塑性区,则采取"控"的支护方式;对于未与巷道连通的层理面的滑移,如巷道顶煤沿着顶板层理面的滑移,则采取"控"的支护方式,避免滑移引起的不稳定区域扩大。④ 采用大直径预应力锚索支护技术,提高支护体系的预紧力水平,并减小锚杆锚固区外围岩的变形和离层。⑤ 加强关键部位支护,实现支护与围岩的耦合,避免围岩局部破坏而致使巷道失稳。

(7)在深部构造应力作用下,肩角煤体是沿煤层顶板掘进巷道围岩控制的关键部位,采用"高强高预紧力锚杆支护、控让耦合支护"围岩控制技术可实现该类巷道稳定。控让耦合支护的作用机制为:允许煤帮沿顶板层理发生一定的滑移变形,即采取"让"的方式,以改善肩角锚杆受力、避免其破断,但"让"的同时,应限制肩角煤体塑性区的扩大,即采取"控"的方式,两者相结合即可实现围岩及支护结构稳定。数值模拟结果表明,肩角锚杆倾角越大,锚杆轴力越大,越易导致锚杆破断,起到"让"作用的肩角锚杆的倾角应较小;对于"控",则通过增加肩角"控"锚杆加强对肩角煤体的支护,肩角"控"锚杆则倾斜打设,且使其孔口距顶板稍远,杆体锚固段在围岩深部穿过煤岩层交界面,将煤体与顶板岩体锚固在一起,实现对肩角煤体的加强控制。通过"控让耦合支护"，减小了煤帮水平位移，并改善了锚杆受力状况，实现了支护结构稳定。

（8）在深部构造应力作用下，厚顶煤及肩角煤体是深部厚顶煤巷道围岩控制的关键部位，构造应力越大，需要的支护强度越大，采用"高强高预紧力锚杆支护、顶煤斜拉锚索梁支护与肩角煤体加强支护"围岩控制技术可实现该类巷道稳定。用于厚顶煤加强支护的锚索宜于倾斜布置，以将锚索锚固在肩角稳定区域，并采用钢梁连接，形成锚索梁结构，以提高锚索支护的整体性。"高强高预紧力锚杆支护、顶煤斜拉锚索梁支护与肩角煤体加强支护"围岩控制技术可有效减小顶煤弯曲下沉，提高顶煤与顶板层理面的剪切刚度，限制顶煤与直接顶岩层之间的滑移，阻止厚顶煤"倒梯形"塑性区的形成，同时有效提高帮部肩角煤体稳定性，从而达到显著提高厚顶煤巷道围岩稳定性的目的。

（9）依据深部构造应力作用下厚煤层巷道围岩稳定控制原理，针对新巨龙矿厚煤层巷道埋深为 800 m、最大水平应力为 30～40 MPa 的生产地质条件，在北区胶带运输大巷、1301N 综放工作面回采巷道进行了工业性试验。现场应用表明，沿煤层顶板掘进巷道采用"高强高预紧力锚杆支护、控让耦合支护"的围岩控制技术，厚顶煤巷道采用"高强高预紧力锚杆支护、顶煤斜拉锚索梁支护与肩角煤体加强支护"的围岩控制技术，有效控制了围岩变形，实现了围岩及支护结构的稳定。

参 考 文 献

[1] 康红普,王国法,王双明,等.煤炭行业高质量发展研究[J].中国工程科学,2021,23(5):130-138.

[2] 钱鸣高,许家林,王家臣.再论煤炭的科学开采[J].煤炭学报,2018,43(1):1-13.

[3] 史元伟.国内外煤矿深部开采岩层控制技术[M].北京:煤炭工业出版社,2009.

[4] MALAN D F, BASSON F R P. Ultra-deep mining : the increased potential for squeezing conditions[J]. The Journal of the South African Institute of Mining and Metallurgy,1998,98(7):353-363.

[5] 谢和平.深部岩体力学与开采理论研究进展[J].煤炭学报,2019,44(5):1283-1305.

[6] 齐庆新,潘一山,李海涛,等.煤矿深部开采煤岩动力灾害防控理论基础与关键技术[J].煤炭学报,2020,45(5):1567-1584.

[7] 康红普,王国法,姜鹏飞,等.煤矿千米深井围岩控制及智能开采技术构想[J].煤炭学报,2018,43(7):1789-1800.

[8] 侯朝炯,王襄禹,柏建彪,等.深部巷道围岩稳定性控制的基本理论与技术研究[J].中国矿业大学学报,2021,50(1):1-12.

[9] 谢和平,高峰,鞠杨,等.深部开采的定量界定与分析[J].煤炭学报,2015,40(1):1-10.

[10] 谢和平,彭苏萍,何满潮.深部开采基础理论与工程实践[M].北京:科学出版社,2006.

[11] 康红普,伊丙鼎,高富强,等.中国煤矿井下地应力数据库及地应力分布规律[J].煤炭学报,2019,44(1):23-33.

[12] 李鹏,苗胜军.中国煤矿矿区地应力场特征与断层活动性分析[J].煤炭学报,2016,41(S2):319-329.

[13] 朱伟.徐州矿区深部地应力测量及分布规律研究[D].青岛:山东科技大学,2007.

[14] 韩军,张宏伟.淮南矿区地应力场特征[J].煤田地质与勘探,2009,37(1):17-21.

[15] 姜耀东,刘文岗,赵毅鑫,等.开滦矿区深部开采中巷道围岩稳定性研究[J].岩石力学与工程学报,2005,24(11):1857-1862.

[16] 鲁岩.构造应力场影响下的巷道围岩稳定性原理及其控制研究[D].徐州:中国矿业大学,2008.

[17] 蔡美峰.岩石力学与工程[M].北京:科学出版社,2002.

[18] 沈明荣.岩体力学[M].上海:同济大学出版社,1999.

[19] 伊丙鼎.煤矿井下地质构造对地应力场影响的研究[J].煤炭技术,2021,40(8):87-90.

[20] BROWN E T, HOEK E. Trends in relationships between measured in situ stresses and depth[J]. International Journal of Rock Mechanics and Mining Sciences & Geomechanics Abstracts,1978,15(4):211-215.

[21] 康红普.深部煤矿应力分布特征及巷道围岩控制技术[J].煤炭科学技术,2013,41(9):12-17.

[22] 罗超文,李海波,刘亚群.煤矿深部岩体地应力特征及开挖扰动后围岩塑性区变化规律[J].岩石力学与工程学报,2011,30(8):1613-1618.

[23] 王再举,姚直书.潘北煤矿地应力测量及其特征分析[J].煤矿安全,2014,45(4):169-171.

[24] STEPHANSSON O, LJUNGGREN C, JING L. Stress measurements and tectonic implications in fennoscandinavia[J]. International Journal of Rock Mechanics and Mining Sciences & Geomechanics Abstracts,1991,28(6):A358.

[25] 孟庆彬,韩立军,乔卫国,等.基于地应力实测的深部软岩巷道稳定性研究[J].地下空间与工程学报,2012,8(5):922-927.

[26] KUZNETSOV S V, TROFIMOV V A. Anomalous stress fields near tectonic violations in rock mass [J]. Fiziko-Tekhnicheskie Problemy Razrabotki Poleznykh Iskopaemykh,2002(1):3-11.

[27] CAPUTO R. Stress variability and brittle tectonic structures[J]. Earth-Science Reviews,2005,70(1/2):103-127.

[28] 陈庆宣,王维襄,孙叶.岩石力学与构造应力场分析[M].北京:地质出版社,1998.

[29] 秦忠诚,王同旭,严正方.构造复杂煤层采煤方法[M].徐州:中国矿业大学出版社,2003.

[30] 苏生瑞,朱合华,王士天,等.岩石物理力学性质对断裂附近地应力场的影响[J].岩石力学与工程学报,2003,22(3):370-377.

[31] 沈海超,程远方,赵益忠,等.基于实测数据及数值模拟断层对地应力的影响[J].岩石力学与工程学报,2008,27(S2):3985-3990.

[32] 苏生瑞.断裂构造对地应力场的影响及其工程意义[D].成都:成都理工学院,2001.

[33] 刘美平.断层附近地应力分布规律及巷道稳定性分析[D].青岛:山东科技大学,2009.

[34] 沈海超,程远方,王京印,等.断层对地应力场影响的有限元研究[J].大庆石油地质与开发,2007,26(2):34-37.

[35] 孙礼健,朱元清,杨光亮,等.断层端部及附近地应力场的数值模拟[J].大地测量与地球动力学,2009,29(2):7-12.

[36] 孙宗颀,张景和.地应力在地质断层构造发生前后的变化[J].岩石力学与工程学报,2004,23(23):3964-3969.

[37] 曹代勇,占文锋,李焕同,等.中国煤矿动力地质灾害的构造背景与风险区带划分[J].煤炭学报,2020,45(7):2376-2388.

[38] GALE W J. Strata control utilising rock reinforcement techniques and stress control methods, in Australian coal mines [J]. Mining Engineer (London),1991,150(352):247-253.

[39] 侯朝炯,郭励生,勾攀峰,等.煤巷锚杆支护[M].徐州:中国矿业大学出版社,1999.

[40] 康红普,王金华.煤巷锚杆支护理论与成套技术[M].北京:煤炭工业出版社,2007.

[41] 刘长武,褚秀生.构造应力对巷道维护的影响[J].矿山压力与顶板管理,1999,15(2):22-24.

[42] 何富连,张广超.深部高水平构造应力巷道围岩稳定性分析及控制[J].中国矿业大学

学报,2015,44(3):466-476.

[43] 鲁岩,邹喜正,刘长友,等.构造应力场中的巷道布置[J].采矿与安全工程学报,2008,25(2):144-149.

[44] 荣海,韩永亮,张宏伟,等.红庆梁煤矿地应力场特征及巷道稳定性分析[J].煤田地质与勘探,2020,48(5):144-151.

[45] 孔德森,蒋金泉.深部巷道在构造应力场中稳定性分析[J].矿山压力与顶板管理,2000,17(4):56-58.

[46] 张光建.地应力及其对巷道稳定性的影响分析[J].矿山压力与顶板管理,2003,20(1):6-7,9.

[47] 朱志洁,张宏伟,韩军,等.不同应力场条件下巷道稳定性研究[J].中国安全生产科学技术,2015,11(11):11-16.

[48] 赵维生,梁维,许猛堂,等.构造作用下弱胶结泥岩巷道稳定性研究[J].矿业研究与开发,2020,40(6):94-99.

[49] 冯海英,刘德乾,赵鹏燕.不同断面形式深埋巷道围岩破坏数值模拟分析[J].河北工程大学学报(自然科学版),2011,28(3):26-30.

[50] 徐有基.构造及采动对金川二矿区1150中段围岩及矿岩稳定性的影响[D].兰州:兰州大学,2006.

[51] 张普田.开滦矿区深部矿井软岩巷道支护技术研究[J].煤矿开采,2010,15(4):65-67.

[52] 杨亚平,杨有林,穆玉生,等.金川矿区深部高应力破碎岩体巷道支护技术研究及应用[J].中国矿业,2018,27(11):99-103.

[53] 孟宪锐,冯锐敏,丁自伟,等.开滦矿区软岩巷道新支护体系研究[J].煤炭科学技术,2010,38(7):6-9.

[54] 慕青松,马崇武,马君伟,等.金川构造应力场对巷道工程稳定性的影响[J].金属矿山,2007(7):18-22.

[55] 勾攀峰,韦四江,张盛.不同水平应力对巷道稳定性的模拟研究[J].采矿与安全工程学报,2010,27(2):143-148.

[56] 孟庆彬,韩立军,乔卫国,等.赵楼矿深部软岩巷道变形破坏机理及控制技术[J].采矿与安全工程学报,2013,30(2):165-172.

[57] 李国富.高应力软岩巷道变形破坏机理与控制技术研究[J].矿山压力与顶板管理,2003,19(2):50-52.

[58] 张生华.构造应力作用下软岩巷道变形与控制研究[J].矿业工程,2003,1(3):14-18.

[59] 宋志敏,程增庆.构造应力区软岩巷道围岩变形与控制[J].矿山压力与顶板管理,2005,21(4):48-50.

[60] 孔德森,蒋金泉,范振忠,等.深部巷道围岩在复合应力场中的稳定性数值模拟分析[J].山东科技大学学报(自然科学版),2001,20(1):68-70.

[61] 韩瑞庚.地下工程新奥法[M].北京:科学出版社,1987.

[62] 冯豫.我国软岩巷道支护的研究[J].矿山压力与顶板管理,1990,6(2):1-5.

[63] 陆家梁.软岩巷道支护原则及支护方法[J].软岩工程,1990,11(3):20-24.

[64] 郑雨天.平庄红庙矿软岩支护试验[J].矿山压力,1989,(2):73-79.

[65] 朱效嘉.锚杆支护理论进展[J].光爆锚喷,1996,(1):5-12,19.

[66] 侯朝炯,勾攀峰.巷道锚杆支护围岩强度强化机理研究[J].岩石力学与工程学报,2000,19(3):342-345.

[67] 勾攀峰.巷道锚杆支护提高围岩强度和稳定性的研究[D].徐州:中国矿业大学,1998.

[68] 董方庭.巷道围岩松动圈支护理论及应用技术[M].北京:煤炭工业出版社,2001.

[69] 靖洪文,孟庆彬,朱俊福,等.深部巷道围岩松动圈稳定控制理论与技术进展[J].采矿与安全工程学报,2020,37(3):429-442.

[70] 赖应得,崔兰秀,孙惠兰.能量支护学概论[J].山西煤炭,1994,14(5):17-23.

[71] 李世平.岩石力学简明教程[M].徐州:中国矿业学院出版社,1986.

[72] 王猛,李志学,夏恩乐,等.深部巷道围岩能量耗散与支护调控效应[J].采矿与安全工程学报,2022,39(4):741-749.

[73] 何满潮,高尔新.软岩巷道耦合支护力学原理及其应用[J].锚杆支护,1997,15(2):1-4,38.

[74] 孙晓明,何满潮,董海蝉.煤矿软岩巷道耦合支护技术研究[J].地球学报,2003,25(增刊):156-161.

[75] 何满朝,景海涛,孙晓明.软岩工程力学[M].北京:科学出版社,2002.

[76] 何满潮,王晓义,刘文涛,等.孔庄矿深部软岩巷道非对称变形数值模拟与控制对策研究[J].岩石力学与工程学报,2008,27(4):673-678.

[77] 康红普.深部煤巷锚杆支护技术的研究与实践[J].煤矿开采,2008,13(1):1-5.

[78] 康红普,王金华,林健.高预应力强力支护系统及其在深部巷道中的应用[J].煤炭学报,2007,32(12):1233-1238.

[79] 范明建.锚杆预应力与巷道支护效果的关系研究[D].北京:煤炭科学研究总院,2007.

[80] 康红普,姜鹏飞,黄炳香,等.煤矿千米深井巷道围岩支护-改性-卸压协同控制技术[J].煤炭学报,2020,45(3):845-864.

[81] 康红普.我国煤矿巷道围岩控制技术发展70年及展望[J].岩石力学与工程学报,2021,40(1):1-30.

[82] 侯朝炯.深部巷道围岩控制的有效途径[J].中国矿业大学学报,2017,46(3):467-473.

[83] 侯朝炯.深部巷道围岩控制的关键技术研究[J].中国矿业大学学报,2017,46(5):970-978.

[84] 王襄禹,柏建彪,王猛.弱面影响下深部倾斜岩层巷道非均称失稳机制与控制技术[J].采矿与安全工程学报,2015,32(4):544-551.

[85] 谢广祥,常聚才.深井巷道控制围岩最小变形时空耦合一体化支护[J].中国矿业大学学报,2013,42(2):183-187.

[86] 张农,李宝玉,李桂臣,等.薄层状煤岩体中巷道的不均匀破坏及封闭支护[J].采矿与安全工程学报,2013,30(1):1-6.

[87] 马念杰,赵希栋,赵志强,等.深部采动巷道顶板稳定性分析与控制[J].煤炭学报,2015,40(10):2287-2295.

[88] 刘泉声,卢兴利.煤矿深部巷道破裂围岩非线性大变形及支护对策研究[J].岩土力学,2010,31(10):3273-3279.

[89] 李术才,王新,王琦,等.深部巷道 U 型约束混凝土拱架力学性能研究及破坏特征[J].工程力学,2016,33(3):178-187.

[90] 郭志飚,王炯,张跃林,等.清水矿深部软岩巷道破坏机理及恒阻大变形控制对策[J].采矿与安全工程学报,2014,31(6):945-949.

[91] 黄万朋.深井巷道非对称变形机理与围岩流变及扰动变形控制研究[D].北京:中国矿业大学(北京),2012.

[92] 赵飞.深部缓倾斜软岩巷道非对称变形机理及稳定性控制研究[D].太原:太原理工大学,2015.

[93] 任庆峰.深部高应力软岩巷道非对称变形机理及控制对策研究[D].淮南:安徽理工大学,2012.

[94] 张广超,何富连.千米深井巷道围岩变形破坏机理与支护技术[J].煤矿开采,2015,20(2):35-38.

[95] 张农,高明仕.煤巷高强预应力锚杆支护技术与应用[J].中国矿业大学学报,2004,33(5):524-527.

[96] 柏建彪.沿空掘巷围岩控制[M].徐州:中国矿业大学出版社,2006.

[97] 陆士良,汤雷,杨新安.锚杆锚固力及锚固技术[M].北京:煤炭工业出版社,1998.

[98] 柏建彪,侯朝炯,杜木民,等.复合顶板极软煤层巷道锚杆支护技术研究[J].岩石力学与工程学报,2001,20(1):53-56.

[99] 张农,王成,高明仕,等.淮南矿区深部煤巷支护难度分级及控制对策[J].岩石力学与工程学报,2009,28(12):2421-2428.

[100] 何满潮.深部软岩工程的研究进展与挑战[J].煤炭学报,2014,39(8):1409-1417.

[101] 王琦,何满潮,许硕,等.恒阻吸能锚杆力学特性与工程应用[J].煤炭学报,2022,47(4):1490-1500.

[102] 李术才,王琦,李为腾,等.深部厚顶煤巷道让压型锚索箱梁支护系统现场试验对比研究[J].岩石力学与工程学报,2012,31(4):656-666.

[103] 何富连,高峰,孙运江,等.窄煤柱综放煤巷钢梁桁架非对称支护机理及应用[J].煤炭学报,2015,40(10):2296-2302.

[104] 余伟健,王卫军,张农,等.深井煤巷厚层复合顶板整体变形机制及控制[J].中国矿业大学学报,2012,41(5):725-732.

[105] 单仁亮,吴景铜,刘帅,等.特厚煤层沿顶巷道抗剪锚管索帮角控制技术研究[J].河南理工大学学报(自然科学版),2023,42(6):1-10.

[106] 靖洪文,李元海,许国安.深埋巷道围岩稳定性分析与控制技术研究[J].岩土力学,2005,26(6):877-880.

[107] 乔卫国,程少北,林登阁,等.巨厚煤层全煤巷道破坏机理及注浆效果数值模拟[J].金属矿山,2014(2):26-29.

[108] 张华磊,王连国,秦昊.回采巷道片帮机制及控制技术研究[J].岩土力学,2012,33(5):1462-1466.

[109] 田江华.特厚煤层动压巷道动态注浆加固技术[J].煤矿安全,2017,48(12):74-77.

[110] 徐星华,杨嘉怡,杨韶昆.超细水泥材料注浆加固深部极软厚煤层回采巷道试验研究

[J].河南理工大学学报(自然科学版),2016,35(3):329-337.

[111] 王作棠,周华强,谢耀社.矿山岩体力学[M].徐州:中国矿业大学出版社,2007.

[112] 孔凡顺,孙如华,李文平.彭庄井田区域地应力场分析[J].煤田地质与勘探,2004,33(4):14-17.

[113] 蔡美峰.地应力测量原理与技术[M].北京:科学出版社,2000.

[114] 杨涛,林登阁,魏明俐.深井高应力裂隙围岩蠕变控制技术研究[J].煤,2010,19(2):1-6.

[115] 蔡美峰,彭华,乔兰,等.万福煤矿地应力场分布规律及其与地质构造的关系[J].煤炭学报,2008,33(11):1248-1252.

[116] 康红普,姜铁明,张晓,等.晋城矿区地应力场研究及应用[J].岩石力学与工程学报,2009,28(1):1-8.

[117] 赵耀中,张宁博,邓志刚,等.褶曲构造型矿区地应力场分布特征与冲击机制[J].煤矿安全,2019,50(5):23-26.

[118] HUAIZHI GUO, QICHAO MA, XICHENG XUE, et al. The analysis method of the initial stress field for rock mass[J]. Chinese Journal of Geotechnical Engineering, 1983,5(3):64-75.

[119] 邱祥波,李术才,李树忱.三维应力分析方法与工程应用[J].岩石力学与工程学报,2003,22(10):1613-1617.

[120] 王薇,王连捷,乔子江,等.三维地应力场的有限元模拟及其在隧道设计中的应用[J].地球学报,2004,25(5):587-591.

[121] 邓志刚.基于三维地应力场反演的宏观区域冲击危险性评价[J].煤炭科学技术,2018,46(10):78-82.

[122] BRADY B H G, BRAY J W. The boundary element method for determining stresses and displacements around long openings in a triaxial stress field[J]. International Journal of Rock Mechanics and Mining Sciences & Geomechanics Abstracts, 1978, 15(1):21-28.

[123] 郑雨天.岩石力学的弹塑粘性理论基础[M].北京:煤炭工业出版社,1988.

[124] 孙守增.煤矿开采中的地应力特点及其应用研究[D].青岛:山东科技大学,2003.

[125] 周桥.林西矿煤巷锚杆相似模拟实验研究及工程应用[J].华北科技学院学报,2002,4(4):13-15.

[126] 郜进海,康天合,靳钟铭,等.巨厚薄层状顶板回采巷道围岩裂隙演化规律的相似模拟试验研究[J].岩石力学与工程学报,2004,23(19):3292-3297.

[127] 柴肇云,康天合,李东勇.载荷系数影响综放大断面开切眼围岩变形相似模拟研究[J].矿业研究与开发,2005,25(3):22-25.

[128] 王颂华,杨科,张金龙.软岩巷道支护强度优化的相似模拟研究[J].矿业研究与开发,2004,24(3):32-34.

[129] 樊志刚,王辉跃,曲晓明,等.三软厚煤层错层位巷道布置相似模拟试验[J].煤矿安全,2018,49(1):65-68.

[130] 苏学贵,宋选民,李浩春,等.特厚倾斜复合顶板巷道破坏特征与稳定性控制[J].采矿

与安全工程学报,2016,33(2):244-252.

[131] 屠世浩.岩层控制的实验方法与实测技术[M].徐州:中国矿业大学出版社,2010.

[132] 陈庆敏,张农,赵海云,等.岩石残余强度与变形特性的试验研究[J].中国矿业大学学报,1997,26(3):42-45.

[133] 陈庆敏.软岩巷道支护与围岸相互作用机理及支护技术的研究[D].徐州:中国矿业大学,1995.

[134] 张农,侯朝炯,陈庆敏,等.岩石破坏后的注浆固结体的力学性能[J].岩土力学,1998,19(3):50-53.

[135] 朱建明,程海峰,姚仰平.基于SMP强度准则的岩石残余应力与围压的关系[J].煤炭学报,2013,38(增1):43-48.

[136] GALE W J,BUZAN M W.煤矿巷道支护的设计方法[C]//国外锚杆支护技术译文集.北京:煤炭科学研究院,1997.

[137] 葛修瑞,刘建武.加锚节理抗剪性能研究[J].岩土工程学报,1988,10(1):20-24.

[138] 陈庆敏,郭颂,张农.煤巷锚杆支护新理论与设计方法[J].矿山压力与顶板管理,2002,18(1):12-15.

[139] 康红普,姜铁明,高富强.预应力锚杆支护参数的设计[J].煤炭学报,2008,33(7):721-726.

[140] 王卫军,李树清,欧阳广斌.深井煤层巷道围岩控制技术及试验研究[J].岩石力学与工程学报,2006,25(10):2102-2107.

[141] 陈庆敏,郭颂.基于高水平地应力的锚杆"刚性"梁支护理论及其设计方法[J].煤炭学报,2001,26(S0):111-115.

[142] 陆士良,姜耀东.支护阻力对软岩巷道围岩的控制作用[J].岩土力学,1998,19(1):1-6.

[143] 杨超,陆士良,姜耀东.支护阻力对不同岩性围岩变形的控制作用[J].中国矿业大学学报,2000,29(2):170-173.

[144] BRADY B H G,BROWN E T.地下采矿岩石力学[M].冯树仁,等译.北京:煤炭工业出版社,1990.

[145] 孙金山,卢文波.非轴对称荷载下圆形隧洞围岩弹塑性分析解析解[J].岩土力学,2007,28(S):327-332.

[146] 李树清,潘长良,王卫军.锚注联合支护煤巷两帮塑性区分析[J].湖南科技大学学报,2007,22(2):5-8.

[147] 李树清,王卫军,潘长良,等.水平煤层巷道煤帮稳定性分析[J].湖南科技大学学报,2008,23(2):1-4.

[148] 熊仁钦,王卫军,卫修君,等.深井巷道地压控制的试验研究[J].煤炭科学技术,2007,35(2):72-75.